図・解・で・わ・か・る

最新

ショートカットキーが絶対に身につく本 完全版

Windows11/
Google Chrome、
Microsoft Edge/
Outlook/Excel/
PowerPoint/
Microsoft Teams

Office HARU 著

秀和システム

はじめに

数あるパソコンスキルの解説書から本書を手にとっていただき、誠にありがとうございます。この1ページをめくられたあなたは、おそらくビジネスの現場や所属するコミュニティーでパソコンを使われている方、もしくは大学に進学したり、会社に就職したり転職したりして、否が応でもこれから「ぱそこん」を使わざるを得ない環境にいる方だと思います。

そして、その中でも仕事をスピーディーにこなして高いパフォーマンスを出したい、業務効率を上げて公私ともに可処分時間を増やしたい、最終的に、自分の好きなことができない、家族と過ごす時間が満足に持てない、というストレスを解消したい方がほとんどでしょう。

現代のビジネス現場では、業界・職種を問わず、多くの情報管理やコミュニケーションはパソコンやスマートフォンを媒体として行われています。さらに、OSの操作、メールやチャットなどのコミュニケーションツールの操作、インターネットブラウザの操作、ExcelやWordに代表されるビジネスツールの操作など、ビジネスパーソンがおさえるべき守備範囲は多岐に渡ります。

したがって、こうしたデバイス自体の操作スピードが上がれば上がるほど、生産性が向上することになります。本書のような解説書をきっかけに、パソコン操作の知識や効率アップの手法を学ばれることは、あなたにとっても、所属する組織にとっても非常に価値があるアクションとなるのです。

本書は、すべてのパソコン作業をキーボード操作で完結する「ショートカットキー」というアイテムをカラダに染み込ませることにより、生産性を劇的に変えることの価値を広く伝え、日本の働き方改革に貢献することを目的としています。

しかし、いかなるビジネスシーンにおいても、タスクを単に早く処理することがゴールとなってはいけません。必ずしも「パソコンの操作スピードが早い人＝仕事がデキる人、信頼できる人」ではないからです。

先ほど、少し「ストレス」に触れました。ここで質問ですが、あなたはどのようなときに仕事のストレスを感じられますか？

・ご自身の企画が却下された、ダメ出しされてしまった……。
・どんなに改善の提案をしても、組織の意思決定フローが長い、遅い……。
・ウマが合わない上司、同僚、そして取引先がいる……。
・そもそも規定の就業時間内でさばける業務量ではない……。
etc..

このように、大抵は「自分の思うようにいかないとき」ですよね。

それでは、どうすれば役割や視座が異なる上司に提案を認めてもらえるのでしょう。どうすれば管轄事業の決裁権を持つ経営幹部に提言書を通してもらえるのでしょう。どうすれば育った環境も価値観も違う赤の他人とビジネスライクな関係が築けるのでしょう。

これには、①今おかれている事業環境や周辺情報を整理し、どうすれば自分の想いが相手に伝わるかということに十分に思考をめぐらせること、②その客観的事実や仮説、ご自身（自部門）の脳内を、言語化→テキスト化→ビジュアル化して丁寧なコミュニケーションをとることが必要不可欠です。

日々ふりかかってくるタスクに忙殺され、重要で優先度の高いテーマまでやっつけ仕事にしてしまっては、結局手戻りばかりが増え、総じて業務負荷は増加していきます。

……そんなことは言われなくてもわかっている！　というお叱りの声が聞こえてきそうです。

本書は、いわゆる仕事に生かせるマインドセットや思考プロセスを解説する自己啓発本なのか？　というと、それは違います。

著者の本職は企業コンサルティングでもなければ人々を仕事のストレスから解放するカウンセラーでもありません。あなたが携わられている事業や業務そのものの発展に際して、私が意見できることは１つとしてないのです。

ただし、次に述べることに限っては、必ずや本書がお役に立てると断言します。それは……、

・自分の考えをまとめる時間がない
・客観的事実や補足情報の収集に時間が割けない
・同僚や取引先とのコミュニケーションに時間がとれない
・とにかく仕事が終わらない

そんな悩みを抱えた方々に、手を動かすだけのパソコン作業を極限まで短時間で終わらせ、前述の「十分な思考」と「丁寧なコミュニケーション」に時間を充てていただくこと、さらにはその日の仕事をさっそうと切り上げ、本当に大切にしたいことに時間を費やしていただくことです。

就業時間においてパソコンに触れる時間が多くを占める方は、本書の内容をマスターすることで少しずつワークタイムに余白が生まれていきます。この余白を積み上げることで、おのずと重要度の高いタスクに割ける時間や、ご自身の好きなこと・ご家族と過ごす時間の創出につながります。

ショートカットキーを駆使すべきタスクは高速作業でサクッと終わらせ、公私ともに本当に大切なこと（ショートカットすべきではないこと）のための時間をしっかり捻出できる人、その優先順位付けを明確にできる人が、真に「仕事も、信頼もデキる人」であると著者は思うのです。

本書の狙い

本書の価値と読み方をご説明する前に、少しだけ自己紹介をします。

私は現在、これまでに培ったパソコンスキル（主にMicrosoft Excelのスキル）をインターネット上で配信しています。運営するYouTubeチャンネルは20万人以上の視聴者様にご登録いただき、Excel専門の動画コンテンツを提供するメディアとしては国内最大級の規模となっています（2024年3月現在）。

さらに、視聴者様の約8割が35歳以上、約半数が45歳以上の年齢層であり、350本を超える投稿動画の平均高評価率は98%を超えています。私よりも社会人生活が長い百戦錬磨の諸先輩方から、「これは実用的！」「とても有益！」「目から鱗！」とのメッセージが日々、寄せられています。

ちなみに、オンライン配信の世界において、私は顔も名前も一切公表しておりません。視聴者様の間では、「HARU と名乗る、だれか」ということになっています。私自身が企業勤めの一介のサラリーマンであり、愛する家族がいる1人の人間であるため、たとえパソコンスキル解説のような比較的健全といわれるジャンルであっても、危機管理に万全を期し、インターネット上では素性を明かさないと決めているのです。

では、顔と名前を出さずになぜこれだけたくさんの方々にご支援ならびにご評価いただけたのでしょうか？

それは、実務を経験したことがある人なら誰もが「あ～、あるある！」と唸りながら共感できるユースケースと、そのお悩みを解決する真に役立つ手段と選択肢を提示し、それらをシンプルに解説した講座を数多く提供しているからであると自負しています。

中でも、圧倒的な効率改善に直結するテクニックをご紹介した講座は大変多くの方々にご覧いただき、視聴者様から「おかげさまでサクサク仕事ができるようになりました」「作業効率が一気に上がりました」「マジで時短！

残業が減りました」「週明け会社で試すのが楽しみ！」「パソコン触るのが本当に楽しいです」「この働き方改革の時代に、明日すぐにでも仕事をしたくなる悪魔のチャンネル」というとても前向きなメッセージをいただいております。

さらに、「友人・同僚に全力で勧めています」「会社で吹聴し、冗談抜きで好評です」「入力作業の精度が爆上がりし褒められました」「職場で神様扱いです」と、視聴者様に近しい方にもいい影響が浸透していることが伺え、感無量です。

YouTube上の配信テーマはExcelに絞っていますが、もちろんビジネスの最前線では表計算だけできただけではパソコンの操作スキルは向上しません。必ず他のアプリケーションやブラウザとのマルチタスクが発生します。

そこで、私が普段使いしているキーセットと活用例を、読者や視聴者の皆さんの手元に置いておけるハンドブックとしてまとめたのが本書なのです。

本書を読んでいただきたい方

この本は、日頃からパソコンを使用される、もしくはこれから「ぱそこん」を使うことになるすべての方が対象です。

就業時間の多くをデスクワークに費やしている方はもとより、パソコンに触れる頻度が少ない方にも、パソコンってこんなにサクサク処理できるんだ！という気づきのきっかけとしていただきたいのです。

本書の価値

- Windows PCを使う上で欠かせないショートカットキー（主にOS共通・フォルダ・ブラウザ・メール）を網羅的に学べる。
- ４章で、著者の専門領域であるExcel操作のプロ技をマスターできる。
- 特典のショートカットキー一覧350を収録したPDFをキー操作辞典として保管しておける。

本書の概要をご説明したところで、これより本編に入ります。読めば読むだけ、おのずとパソコン操作高速化へのモチベーションが高まり、一刻も早く仕事で試してみたくなるキー操作ばかりです。ぜひ、パソコンを使うことそのものを楽しみながら、実践していってください！

ちなみに…本書でどこまで学べるの？

パソコンスキル解説書の構成は「やさしいところから順番に」が定石で、本書も例にもれず、基礎的かつ汎用性が高いショートカットキーから掲載しています。とはいえ、あまりに簡単な操作や既知の情報から入ると退屈してしまう方もいらっしゃるでしょう。

そこで、本書を読破することで習得できる高度なキーセットの一部を先にご紹介しておきます。ぜひ「ここまでできるようになるのか！」とワクワクした気持ちのまま、読み進めていただければ嬉しいです。

- [Windows] + [Shift] + [←] / [→]（ディスプレイ間でウインドウを移動）

デュアルディスプレイ環境でこのキーを使えば、一瞬かつ該当のディスプレイにフィットしたサイズでウィンドウをPC－モニター間で移動できます。

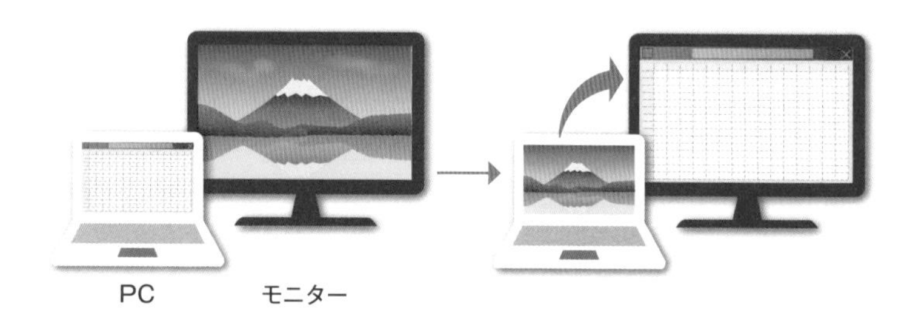

- [Ctrl] + [Shift] + [PageUp] / [PageDown]（タブの移動）

現在アクティブになっているブラウザタブの位置を変更できます。タブを往来して情報を閲覧したりデータをコピー&ペーストしたりするときに便利です。

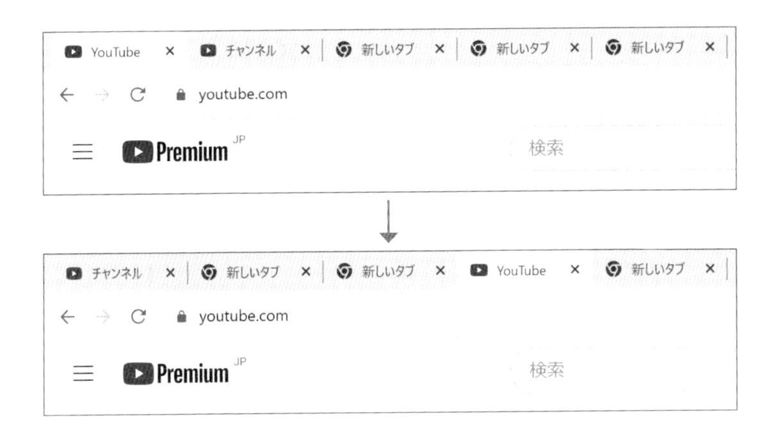

・ Ctrl ＋ < ／ > （メッセージの切り替え）

このキーを使えば、メールの閲覧画面が開いた状態で次々に前後のメッセージに表示を切り替えられます。

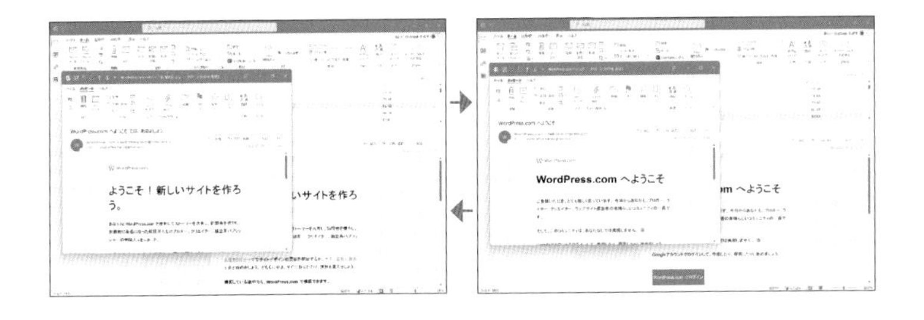

・ Ctrl ＋ Shift ＋ ¥ （指定のデータ以外を選択）

Excelは特定の条件に該当する文字列を置換したり、フィルターで指定した情報に絞り込んだりできます。一方、このキーは条件に当てはまらない（＝指定した条件「以外」の）データを一括選択する、データ加工の幅が格段に広がるアイテムです。

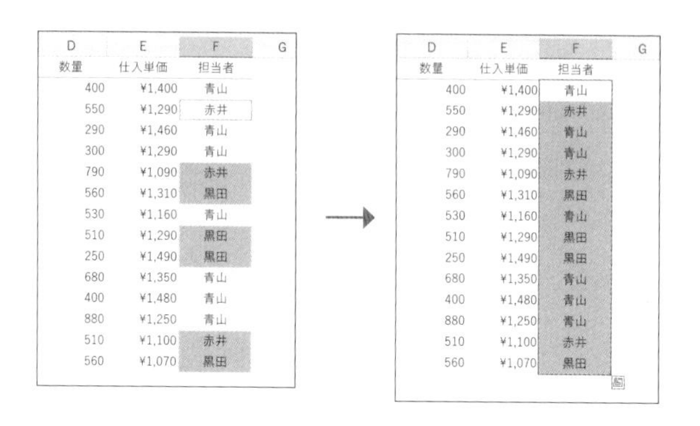

D	E	F	G
数量	仕入単価	担当者	
400	¥1,400	青山	
550	¥1,290	赤井	
290	¥1,460	青山	
300	¥1,290	青山	
790	¥1,090	赤井	
560	¥1,310	黒田	
530	¥1,160	青山	
510	¥1,290	黒田	
250	¥1,490	黒田	
680	¥1,350	青山	
400	¥1,480	青山	
880	¥1,250	青山	
510	¥1,100	赤井	
560	¥1,070	黒田	

D	E	F	G
数量	仕入単価	担当者	
400	¥1,400	青山	
550	¥1,290	赤井	
290	¥1,460	青山	
300	¥1,290	青山	
790	¥1,090	赤井	
560	¥1,310	黒田	
530	¥1,160	青山	
510	¥1,290	黒田	
250	¥1,490	黒田	
680	¥1,350	青山	
400	¥1,480	青山	
880	¥1,250	青山	
510	¥1,100	赤井	
560	¥1,070	黒田	

- Ctrl + Shift + X（作成ボックス）

Teamsでメッセージの作成中、誤って Enter を押し送信してしまうこと、よくありますよね。テキストをじっくり入力したいときにこのキーを使うと、作成ボックスが開き Enter で改行できます。

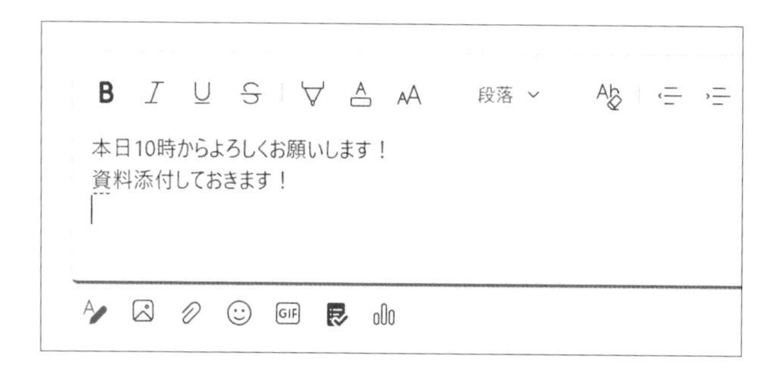

contents

第4章　Excel

第5章　PowerPoint

第6章　Teams

特典
絶対に役立つショートカットキー350

本書紙面ではショートカットキーの一部を掲載しています。

完全版のPDFは以下URLからダウンロードできます。

URL https://www.shuwasystem.co.jp/support/7980html/7178.html

OS／アプリケーション名	カテゴリ	操作内容	ショートカットキー
Windows	基本操作	カーソル移動	方向キー
		選択しながらカーソル移動	Shift+方向キー
		選択/決定/開く	Enter
		選択エリアの切替/移動	Tab
		選択エリアの切替/移動 ※反対方向	Shift+Tab
		すべて選択	Ctrl+A
		先頭にジャンプ	Home
		最後にジャンプ	End
		取り消し/解除/閉じる	Esc
		直前の操作を取り消す(戻る)	Ctrl+Z
		直前の操作をやり直す(繰り返す)	Ctrl+Y
		コピー(複製)	Ctrl+C
		カット(切り取り)	Ctrl+X
		ペースト(貼り付け)	Ctrl+V
	削除	データ/ファイルの削除	Delete
		データ/ファイルの完全消去	Shift+Delete
	保存	名前を付けて保存	F12
		上書き保存	Ctrl+S
	ウィンドウ操作	ウインドウの最大化	Win+↑
		ウインドウの最小化	Win+↓

OS／アプリケーション名	カテゴリ	操作内容	ショートカットキー
Windows	ウィンドウ操作	デスクトップの表示	Win+D
		デスクトップの表示	Win+M
		アクティブなウインドウ以外を最小化	Win+Home
		ウインドウを左に配置	Win+←
		ウインドウを右に配置	Win+→
		ディスプレイ間でウインドウを移動	Win+Shift+←/→
		新規ウインドウを開く	Ctrl+N
		同じアプリ間でウインドウの切替	Ctrl+Tab
		ウインドウの切替	Alt+Tab
		ウインドウを閉じる	Ctrl+W
	アプリケーション	アプリケーションを終了する	Alt+F4
	デスクトップ操作	スタートメニューを開く	Win
		タスクバーからアプリを開く	Win+1～0
		タスクバーの選択	Win+T
		タスクトレイの表示	Win+B
	仮想デスクトップ	仮想デスクトップの作成	Win+Ctrl+D
		仮想デスクトップの切替	Win+Ctrl+←/→
		タスクビューの表示	Win+Tab
		仮想デスクトップの削除	Win+Ctrl+F4
	エクスプローラー	新規エクスプローラを開く	Win+E
		直前のページに戻る	Alt+←
		直前のページに進む	Alt+→
		アドレスバーの選択	Alt+D
		ファイル名を指定して実行	Win+R
	スクリーンショット	スクリーンショット(画面全体)	Win+PrtSc
		スクリーンショット(範囲指定)	Win+Shift+S
		キャプチャ	Win+G

OS／アプリケーション名	カテゴリ	操作内容	ショートカットキー
Windows	コピー履歴	クリップボード(コピーの履歴)	Win+V
	文字変換	ひらがなに変換	F6
		全角カタカナに変換	F7
		半角カタカナに変換	F8
		全角英数字に変換	F9
		半角英数字に変換	F10
	印刷	印刷メニューを開く	Ctrl+P
	表示	拡大鏡	Win++
	管理	設定メニューを開く	Win+I
		タスクマネージャーを開く	Ctrl+Shift+Esc
		画面のロック	Win+L
Google Chrome／Microsoft Edge	タブ操作	新しいタブを開く	Ctrl+T
		新しいウインドウを開く	Ctrl+N
		タブの切り替え（右方向）	Ctrl+Tab
		タブの切り替え（左方向）	Ctrl+Shift+Tab
		タブの切り替え（右方向）	Ctrl + PageUp
		タブの切り替え（左方向）	Ctrl + PageDown
		タブを閉じる	Ctrl+W
		ブラウザを閉じる	Alt + F4
		タブを復元する	Ctrl+Shift+T
		タブの選択（左から○番目のタブを選択）	Ctrl+1～8
		タブの選択（右端のタブを選択）	Ctrl+9
		タブの移動（前に移動）	Ctrl+Shift+PageUp
		タブの移動（後ろに移動）	Ctrl+Shift+PageDown
	ページの移動	ページのスクロール（下）	Space
		ページのスクロール（上）	Shift + Space
		ページのスクロール（下）	PageUp
		ページのスクロール（上）	PageDown
		ページを戻る	Alt+←

OS／アプリケーション名	カテゴリ	操作内容	ショートカットキー
Google Chrome／Microsoft Edge	ページの移動	ページを進む	Alt+→
		ページの拡大	Ctrl++
		ページの縮小	Ctrl+－
	ページの更新	ページの再読み込み	Ctrl+R
		ページの再読み込み	F5
	履歴	ページ履歴の表示	Ctrl+H
		ダウンロード履歴の表示	Ctrl+J
	検索	検索窓の選択	Ctrl+E
		検索窓の選択	Ctrl+K
	アドレスバー	アドレスバーの選択	Ctrl+L
		アドレスバーの選択	Alt + D
	ブックマーク	ブックマークに追加	Ctrl+D
		ブックマークバーの表示／非表示	Ctrl+Shift+B
	シークレットモード	シークレットモードで開く	Ctrl+Shift+N
	メニューを開く	Chrome／Edgeメニューを開く	Alt + E
		Chrome／Edgeメニューを開く	Alt + F
Outlook	移動	移動	方向キー
		選択しながら移動	Shift+方向キー
	基本操作	新しいメッセージの作成（メール）	Ctrl+N
		新しい予定の作成（予定表）	Ctrl+N
		返信	Ctrl+R
		全員へ返信	Ctrl+Shift+R
		転送	Ctrl+F
		未読にする	Ctrl+U
		既読にする	Ctrl+Q
		ファイルの添付	(Ctrl+C →) Ctrl+V
		メッセージの送信	Ctrl+Enter
		メッセージの送信	Alt+S

第1章

Windows

本書は、OS、ブラウザ、メール、Officeアプリといったように、対象のプログラムごとにショートカットキー活用術をまとめています。その中には一部、同じキーの組み合わせが重複して登場することがあります。これは、キーセットが同じでもそれぞれのプログラムで動作が異なる場合があるためです。本章ではまず、WindowsOS共通で使えるキーセットを学習し、PC作業効率化の根幹を担う操作をありったけインプットしていきます。

1 PC操作を最速化する「ホームポジション」

ホームポジションとは？

パソコンのタッチタイピング（ブラインドタッチ）を習得したときに、「ホームポジション」という言葉を聞いたことがあると思います。10本の指それぞれに担当するキー範囲を割り振って、左手の人さし指を F 、右手の人さし指を J に添えておくと、キーボード上の各キー範囲にアクセスしやすいといわれています。

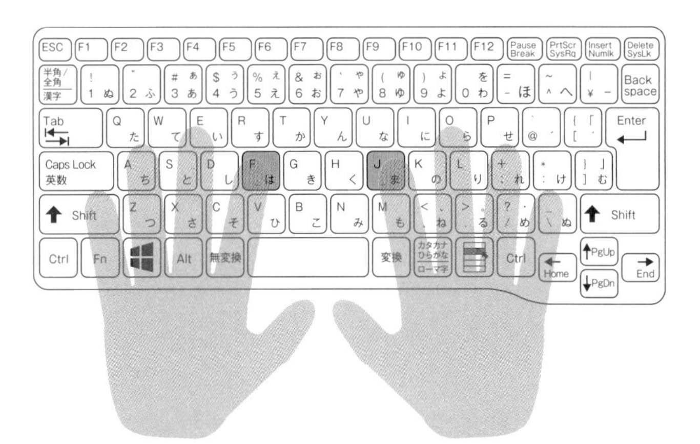

一般的に知られるこのホームポジションは、文章を入力するときに好ましいとされている配置ですが、ショートカットキーを駆使してパソコン操作をスピーディーに進めるためのホームポジションは、実は左右の手を少し両端に広げた位置が理想です。

標準的なノートパソコンを例に、試しに左手親指 Alt 、右手親指

を ← に置いてみましょう。必然的に左右の手がキーボードの両端に添えられたかと思います。

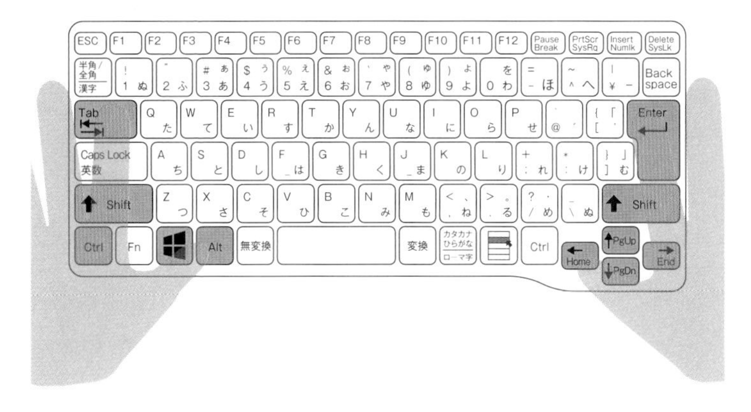

なぜこのような配置が最適なのでしょうか。それは、ショートカットキーの大半が Alt 、 Ctrl 、 Shift 、 Tab 、 ⊞ 、そして方向キーと Enter のいずれかを組み合わせるキーセットで成り立っているためです。

キーボードの種類

本書は日本で一般的に展開されている JIS キーボード（日本語配列）を前提に解説していきますが、その中でもご利用のパソコンによって、キーボードの配置が異なります。

特に標準的なノートパソコンにはテンキーがなかったり、上下左右の方向キーが他のキーを兼ねていたりする場合があります。お使いのキーボードを確認した上で、次の内容に気を付けましょう。

▼標準的なノートパソコンの場合

- 方向キーが[Home]／[End]、[PageUp]／[PageDown]を兼ねている場合、[Home]／[End]、[PageUp]／[PageDown]を使用するショートカットキー操作をするときは[Fn]を同時に押す。
- 特定のキーが[PrintScreen]を兼ねている場合、[PrintScreen]を使用するショートカットキー操作をするときは[Fn]を同時押しする。

▼標準的なデスクトップパソコンの場合

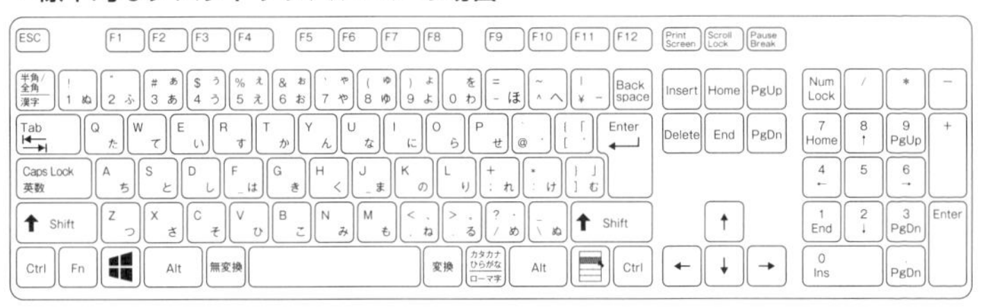

- [1]～[0]の数字キーを組み合わせて使うショートカットキーにおいて、テンキーの数字では動作しないことが多いので使わない。

デスクトップパソコンの場合もまずは右手の親指を[←]に添えて操作してみて、[Enter]や周辺のよく使うキーへリーチしやすいポジションに調整していきましょう。

2 中枢神経に染み込ませるべき基本操作

「ショートカットキー」と聞いて、Ctrl＋Cのコピーや Ctrl＋Vの貼り付けなどをイメージする方は多いでしょう。

たとえばこのコピーという操作は、特定のデータを他の場所に貼り付けるときによく使われます。ここには必ず、対象のアイテムを選択したり、コピーしたい場所に移動したりする前後の工程が存在します。

コピー＆ペースト以外でも、そのコマンドを実行・決定したり、取り消したりといった操作がついてまわります。

パソコン仕事の大半はこのレッスンで演習する基本作業で占められています。「これ、ショートカットキーって言えるの？」というくらい初歩的な操作ばかりですが、実務では毎日・毎時・毎分使うことになりますので、確実におさえておきましょう。

方向キー｜カーソル移動

パソコンの基本動作でまず指先に染み込ませるべきは、方向キー操作です。フォルダの中のファイル間移動も、メールボックス内の移動も、Officeソフトのカーソル移動もすべてこの方向キーで行えます。

なお方向キーを長押しすると、キーから手を離すまでその方向に移動し続けます。

Shift+方向キー｜選択しながらカーソル移動

Shiftを押しながら方向キー操作をすると、複数のデータを選択しながらカーソルが進んでいきます。

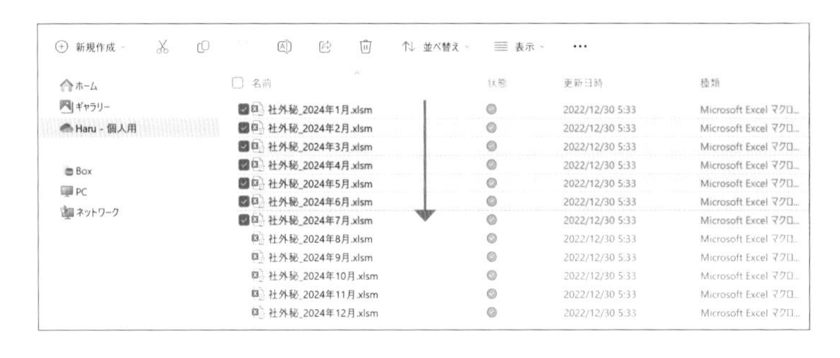

フォルダの中のファイル選択も、Excelの範囲選択も、WordやPowerPointのテキスト選択でも、いくつかのデータに同じ処理をしたい場合は、このキー操作が便利です。

なお、選択の起点は最初にアクティブになっていたデータのため、もれなく指定できるように対象のデータの端から操作をスタートしましょう。

Enter｜選択／決定／開く

Enter を押すことで、アプリケーションを起動したり、フォルダやファイルを開いたり、入力したテキストや数式を確定したり、特定のコマンドを実行したりと、アクティブになっている項目へ進むことができます。

ビデオを使うと、伝えたい内容を明確に表現できます。[オンライン ビデオ] をクリックすると、追加したいビデオを、それに応じた埋め込みコードの形式で貼り付けできるようになります。キーワードを入力して、文書に最適なビデオをオンラインで検索することもできます。↵
↵
Word に用意されているヘッダー、フッター、表紙、テキスト ボックス デザインを組み合わせると、プロのようなできばえの文書を作成できます。たとえば、一致する表紙、ヘッダー、サイドバーを追加できます。[挿入] をクリックしてから、それぞれのギャラリーで目的の要素を選んでください。↵
↵

またダイアログボックスの右下に「OK」ボタンがあれば、こちらも Enter で実行できます。

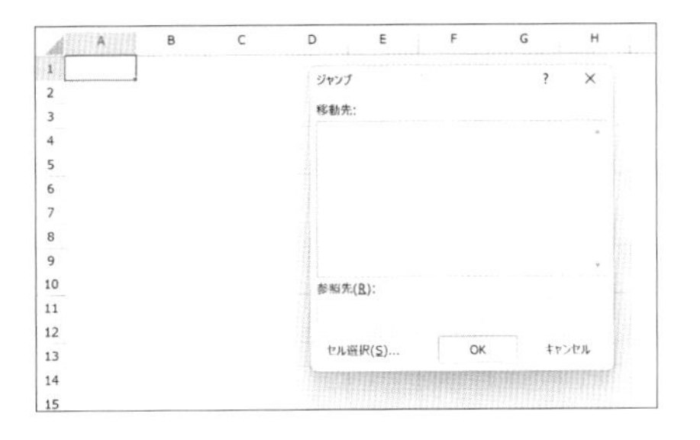

Tab｜選択エリアの切替／移動

方向キーが特定の領域内でカーソルを移動するのに対して、Tab はその対象領域を切り替えることができます。

エクスプローラーのナビゲーションウィンドウとフォルダウィンドウを切り替えたり、システムへのログインや会員登録の際にインプットフォームを進んでいったりできるのです。

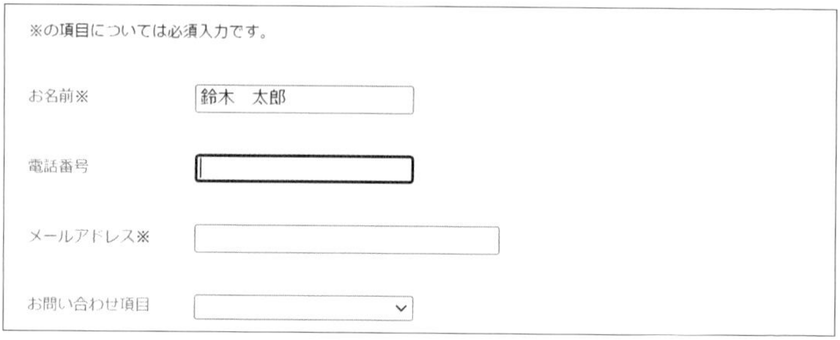

※の項目については必須入力です。

お名前※ 鈴木　太郎

電話番号

メールアドレス※

お問い合わせ項目

Shift+Tab｜選択エリアの切替/移動 ※反対方向

Tab の操作に Shift を加えることで、Tab での切り替え方向が逆になります。Tab を押しすぎてしまったときは、一周回って戻ってくるより、Shift ＋ Tab で反対に進む方が効率的です。

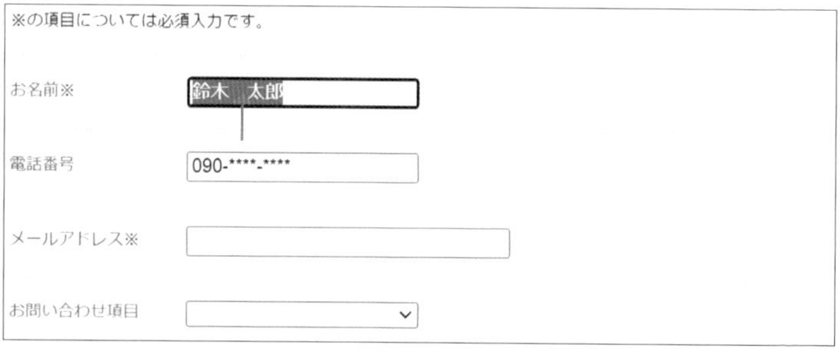

※の項目については必須入力です。

お名前※ 鈴木　太郎

電話番号 090-****-****

メールアドレス※

お問い合わせ項目

Ctrl+A｜すべて選択

開いているメニューや領域に存在するすべてのアイテムを選択したいときは、Ctrl と A を押します。

Wordのテキストをすべて別の場所に転記したり、パワーポイントですべてのオブジェクトの位置をまとめて調整したり、同じ書式を適用したり、特定のボックスにたまったメールを一気に移動したり削除したりするときに、このCtrl＋Aが有効です。

Home/End｜先頭/最後にジャンプ

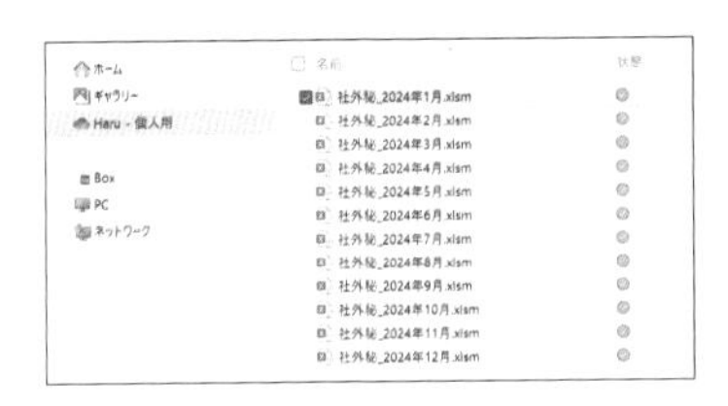

エクスプローラーの中でHomeを押すと、先頭のフォルダもしくはファイルに飛び、Endで最後のフォルダやファイルにジャンプできます。

また、これらの操作にShiftを加えると、アクティブなアイテムから先頭や最後のアイテムまでが一括選択されます。特定の日付以前のファイルやメールを削除したり移動したりするときに便利です。

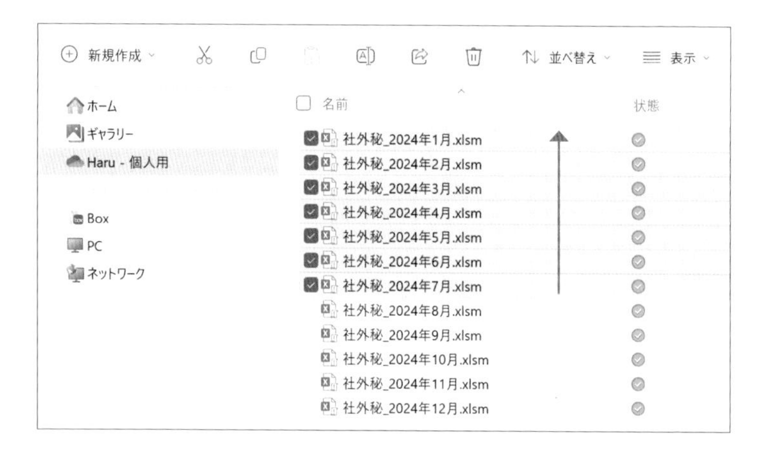

これはメールアプリでも同じで、Home と End でボックス内の先頭と最後のメールに飛べます。

Excelの表やWordの文書、PowerPointのページなどの操作で先頭または最後に飛ぶ場合は、ここに Ctrl を加えます。あわせておさえておきましょう。

Esc｜取り消し/解除/閉じる

編集中の内容を取り消したり、漢字に自動変換された文字をリセットしたり、各種モードを解除したり、ダイアログを閉じたりするときは、Esc を押します。

前期業績報告↵

ぜんきぎょうせきほうこく↵
前期業績報告
ぜんきぎょうせきほうこく
Tab キーで予測候補を選択

文字を入力しているときにインプットする場所を間違えたことに気づいたら、Esc で取り消せますし、コピーやカットのモードも Esc で解除できます。

また、パソコンを操作していると出てくるダイアログボックスやポップアップも、Esc で閉じられます。

Ctrl+Z｜直前の操作を取り消す（戻る）

操作を取り消すショートカットキーにはもう一つ、Ctrl ＋ Z があります。前述の Esc は、たとえば文字の入力中にしか取り消しが出来ず、Enter などで確定したあとに押しても反応してくれませんが、Ctrl ＋ Z であれば情報を更新する前の状態に戻せます。

前期業績報告↵ ▶ ↵

コピー＆ペーストの操作も、コピーして貼り付ける前の状態であれば Esc で解除できますが、貼り付けた後は Esc は効きません。こんなときにやり直せるのが、Ctrl ＋ Z というわけです。

ちなみにファイルやメールを Delete で削除した直後に Ctrl ＋ Z を押せば、削除の動作も取り消せます。

＊「2024年1月」を Delete で消してしまっても……、

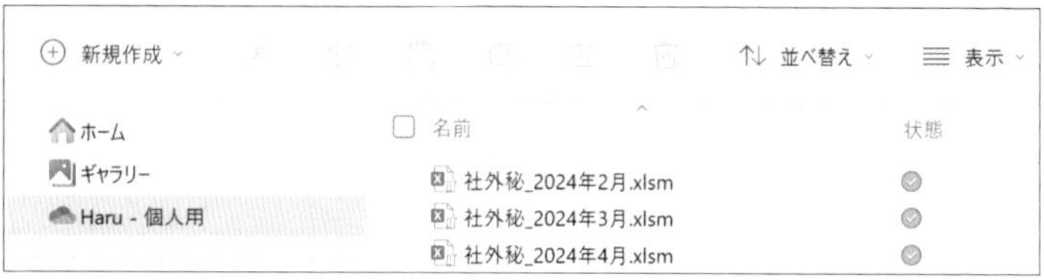

新規作成 並べ替え 表示
ホーム
ギャラリー
Haru - 個人用
名前 状態
社外秘_2024年2月.xlsm
社外秘_2024年3月.xlsm
社外秘_2024年4月.xlsm

＊ Ctrl ＋ Z で戻せる！

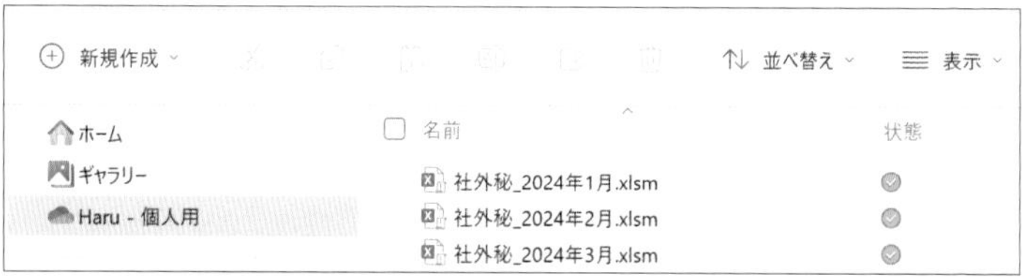

新規作成 並べ替え 表示
ホーム
ギャラリー
Haru - 個人用
名前 状態
社外秘_2024年1月.xlsm
社外秘_2024年2月.xlsm
社外秘_2024年3月.xlsm

ただし、Shift ＋ Delete で消した場合は元に戻せませんので、細心の注意を払いましょう。

Ctrl+Y｜直前の操作をやり直す（繰り返す）

Ctrl ＋ Z の取り消しに対して、Ctrl ＋ Y で直前の操作をやり直せます。Ctrl ＋ Z で戻った動作履歴を再度進むことができるのです。

前期業績報告

また、一部のアプリケーションでは書式設定など特定のコマンド操作を行った後に、他の文字や範囲を選択した状態で Ctrl ＋ Y を押すと、同じ処理が繰り返し実行されます。

※入力した文字（値データ）を Ctrl ＋ Y で別の場所に繰り返し入力することはできません。値データの繰り返し入力は、素直にコピー＆ペーストで行いましょう。

	A	B	C	D	E	F	G
1	(万円)	売上	売上構成	利益	利益構成		
2	A支店	3,605	6.7%	443	7.0%		
3	B支店	9,644	17.8%	1300	20.5%		
4	C支店	6,622	12.2%	757	11.9%		
5	D支店	5,197	9.6%	490	7.7%		
6	E支店	3,237	6.0%	289	4.6%		
7	F支店	4,111	7.6%	571	9.0%		
8	G支店	8,550	15.8%	736	11.6%		
9	H支店	6,232	11.5%	991	15.6%		
10	I支店	4,135	7.6%	418	6.6%		
11	J支店	2,801	5.2%	352	5.5%		
12	総合計	54,134		6347			

Delete｜データ/ファイルの削除

Delete を押すと、フォルダに保存されているファイルやフォルダ自体、またメールなどを削除できます。

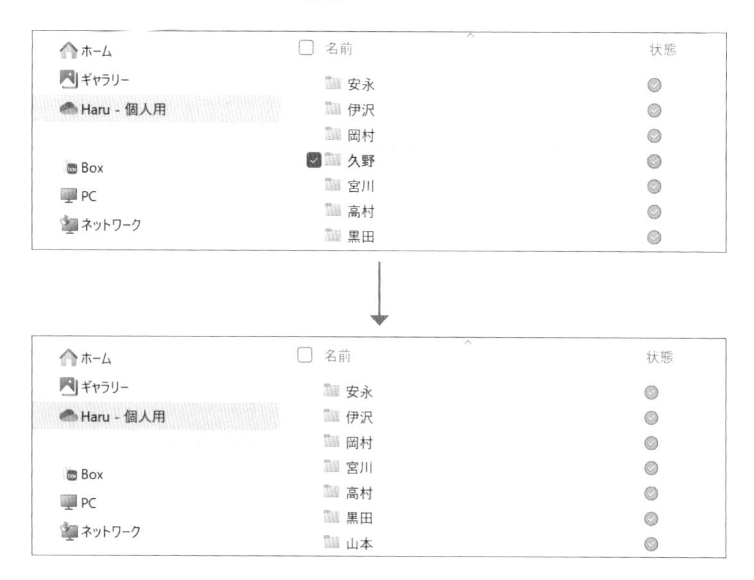

削除したファイルやメールは「ゴミ箱」や「削除済みアイテム」に格納されるため、復元が可能です。（削除した直後であれば、Ctrl + Z で元に戻せます）

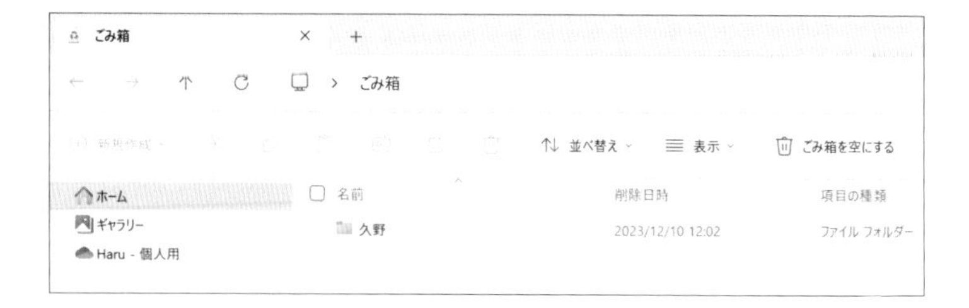

Shift+Delete｜データ/ファイルの完全消去

Shift と Delete を一緒に押すと、ゴミ箱を経由せずに完全に消去されます。

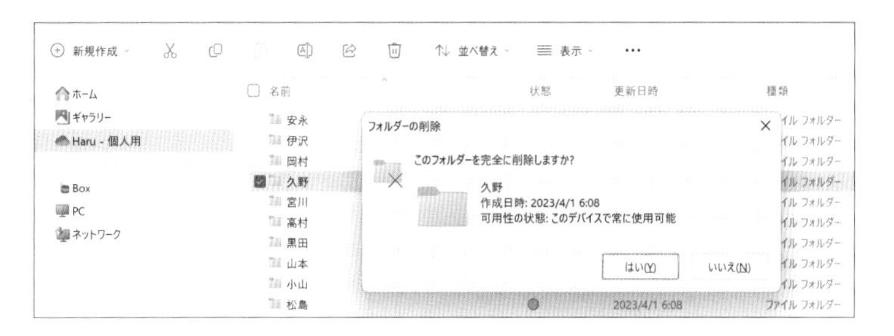

フォルダやファイルの場合も、メールの場合も、上図のようなポップアップが出ますので、誤っていきなり消去されることはありませんが、「はい」で実行すると元に戻すことはできません。

本当に不要なデータ以外を消してしまわないように、取り扱いには細心の注意を払いましょう。

Column 基本操作を徹底的に反復実践する

本レッスンのタイトルにある「中枢神経」とは、体内や体外から集約した情報を集積して処理する動物神経の中核機能を指します。特に、脳は身体のあらゆる部分とつながっており、各方面の情報収集や指令役を担っています。

ここまで取り上げた基本動作は、パソコン作業高速化の中核といえる最重要操作です。目の前にいきなり何かが飛んできたらとっさに目を閉じてしまうように、次の操作が脳内に浮かんだ瞬間に指が動いているほどのスピードレベルを表現するため、この「中枢神経」という言葉を使わせていただきました。

　この後も、基本動作を組み合わせた様々なテクニックをふんだんにご紹介していきます。とにかく繰り返し、繰り返し実践していきましょう。

3 作業効率を左右するウィンドウ操作

パソコン（デバイス）の画面サイズは伸縮させることができないため、限られた枠内を有効に活用することが求められます。

そこでこのレッスンでは、ウィンドウの大きさや配置の変更、切り替え、終了といった動作を効率化するキー操作を学習します。メールやブラウザ、複数のアプリケーションとのマルチタスクに有効なキーセットをマスターし、業務全体の生産性を上げていきましょう。

いよいよ、Windowsキーの出番です。

Win+↑/↓ ｜ウインドウの最大化/最小化

開いたフォルダウィンドウやアプリケーションウィンドウが中途半端なサイズだった場合、⊞＋↑で最大化できます。

最大化された状態で⊞＋↓を押すと、最大化は解除されます。

ここでもう一度[Win]+[↓]を押すと、ウィンドウが最小化されます。

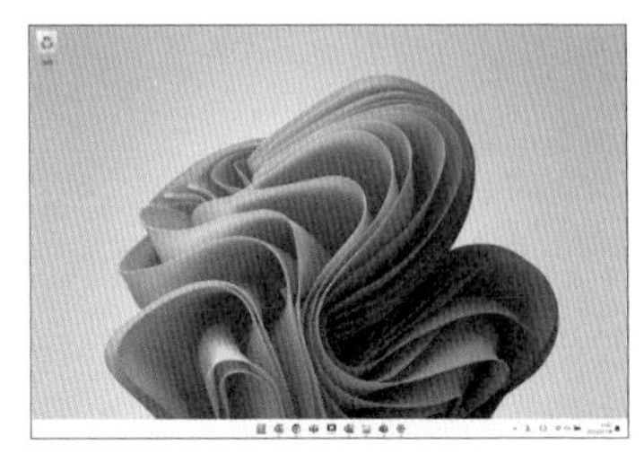

最小化されたウィンドウは完全に閉じられたわけではなく、小さくなって見えなくなっただけです。

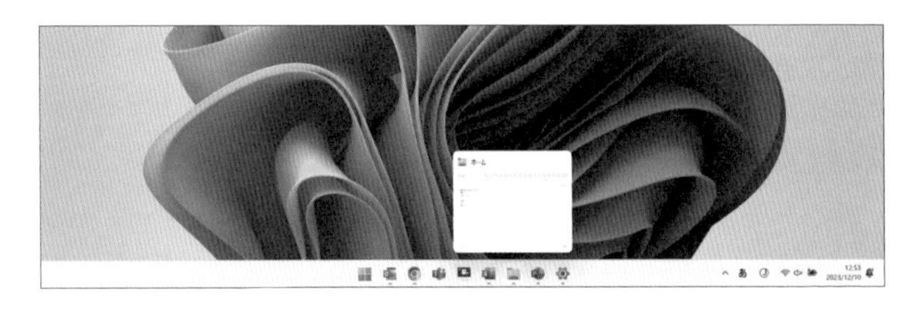

Win+D(M)｜デスクトップの表示

[Win]と[D]を押すとデスクトップが表示されて、開かれているすべてのウィンドウが最小化されます。

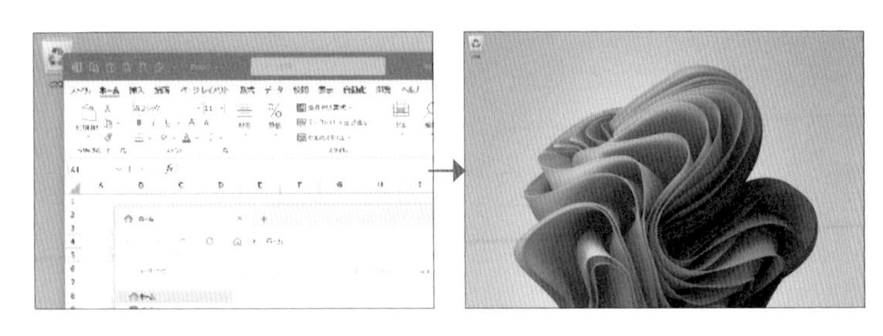

これもウィンドウが全部閉じられたわけではなく、開いてはいるけれども小さくなっているだけです。直後にもう一度 Win + D を押せば、直前まで作業していたウィンドウの配置に戻ります。

複数のウィンドウをいったんしまったり、デスクトップ上のアプリケーションやフォルダのショートカットを選択したいときに使いましょう。

Win+Home｜アクティブなウインドウ以外を最小化

前述の Win + D はすべてのウィンドウを最小化しますが、現在作業しているウィンドウだけは引き続き表示したまま、他のウィンドウをしまいたいことがありますよね。

そんなときは、Win + Home を押しましょう。アクティブなウィンドウを残し、それ以外のウィンドウを隠せます。

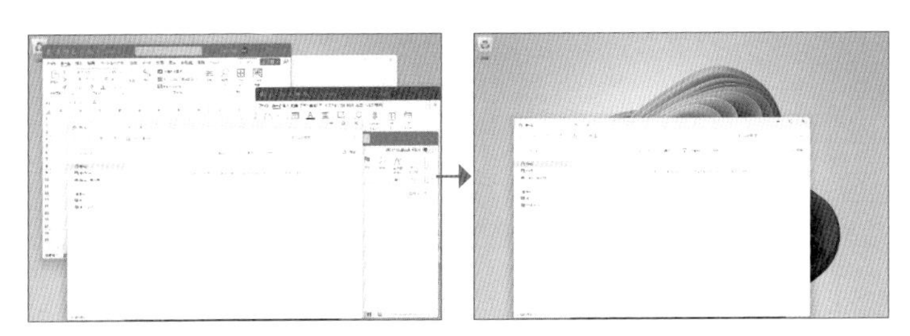

この状態でもう一度 Win + Home を押すと、直前まで開かれていた配置で各ウィンドウが再表示されます。

またマウスでウィンドウをつかんで小刻みに動かすことで、同じように他のウィンドウがしまわれる「エアロシェイク」という機能もあります。よければ使ってみてください。

Win+←/→｜ウインドウを左右に配置

複数のウィンドウを並べて作業したい場合、⊞と左右の方向キーを押すと、アクティブなウィンドウがいずれかの方向に配置されます。

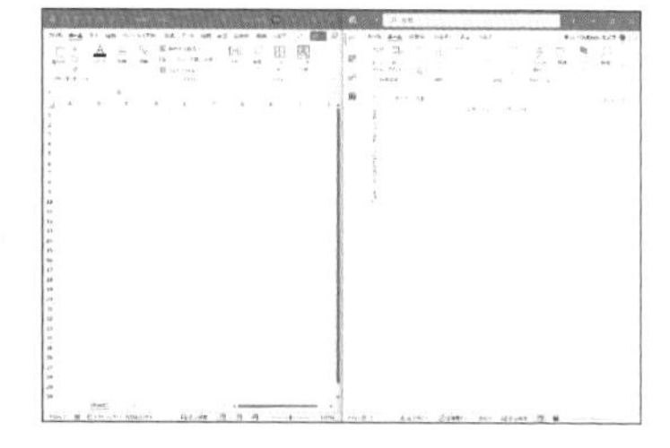

同時に反対側へ配置するウィンドウを選択できるようになりますので、方向キーで移動し Enter で決定すれば、ウィンドウが左右に整列します。

蓄積されたデータ(Excel)をもとにプレゼンテーション資料(PowerPoint)を作成したり、インターネット(ブラウザ)の情報をもとにメール(Outlook)の文面を書いたりするときに有効です。

Win+Shift+←/→｜ディスプレイ間でウインドウを移動

業務効率をさらに上げるためには。お使いのパソコンに外部モニターを接続したデュアルディスプレイ環境がおススメです。

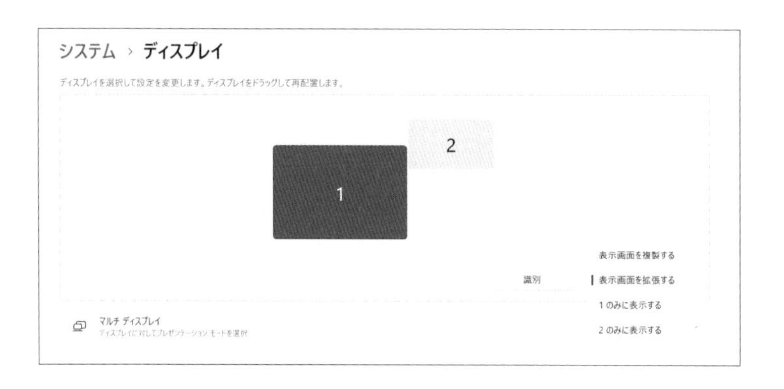

表示画面の拡張設定によって、マウスのドラッグ&ドロップでウィンドウをもう一方のディスプレイに移動できますが、ドラッグする手間がかかったりウィンドウサイズが変わったりしてしまいます。

こんなとき、[Windows]と[Shift]、左右の方向キーを組み合わせて押せば、一瞬かつ該当のディスプレイにフィットしたサイズでウィンドウを移せます。

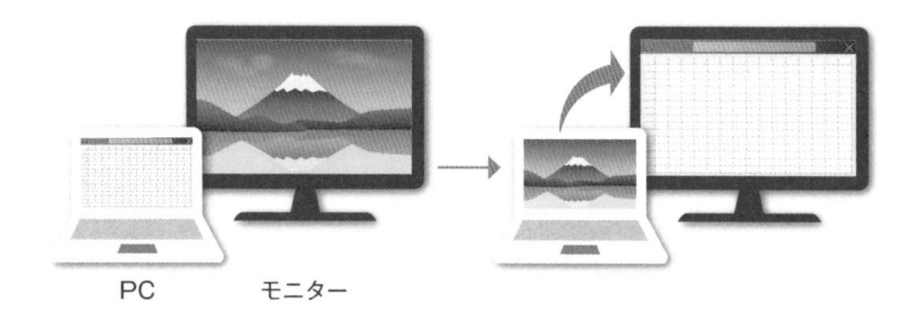

Ctrl+N｜新規ウインドウを開く

特定のアプリケーションがアクティブな状態で[Ctrl]＋[N]を押すと、新しくそのアプリウィンドウが開きます。

エクスプローラーや、Excel、Word、Powerpoint、ブラウザでも、同じように開くことができます。

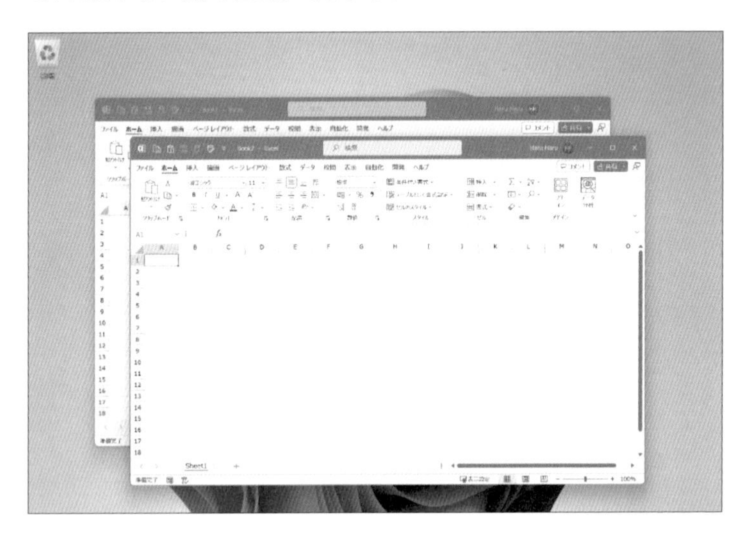

Ctrl+Tab｜同じアプリ間でウインドウの切替

Ctrl を押しながら Tab を押すと、同じアプリケーション同士でアクティブなウィンドウが切り替わります。

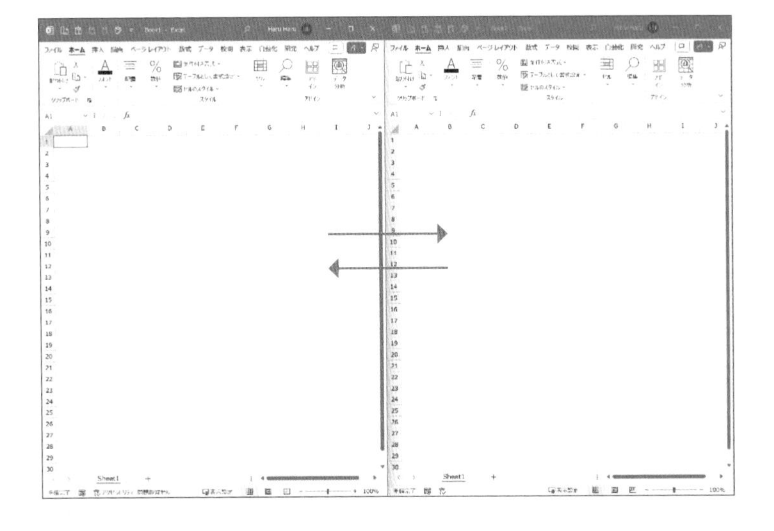

ExcelやPowerPointでは、今作業しているファイルと直前まで作業していたファイルの間でウィンドウが切り替わり、インターネットブラウザやPDFでは同じウィンドウの中でアクティブなタブが切り替わります。

ちなみにワードの場合のみ、インデントを増やす動作になるので注意しましょう。

Alt+Tab｜ウインドウの切替

Alt を押しながら Tab を押すと、開かれているすべてのウィンドウが表示され、Alt から手を離さずに Tab を押したり方向キー操作をすることで、次に作業したいウィンドウに移動できます。

Alt から手を離せば、その時点で選択しているウィンドウがアクティブになります。複数のファイルや異なるアプリケーション同士で情報を閲覧したり、データをコピー＆ペーストしたりするタスクで非常に有効なキー操作です。

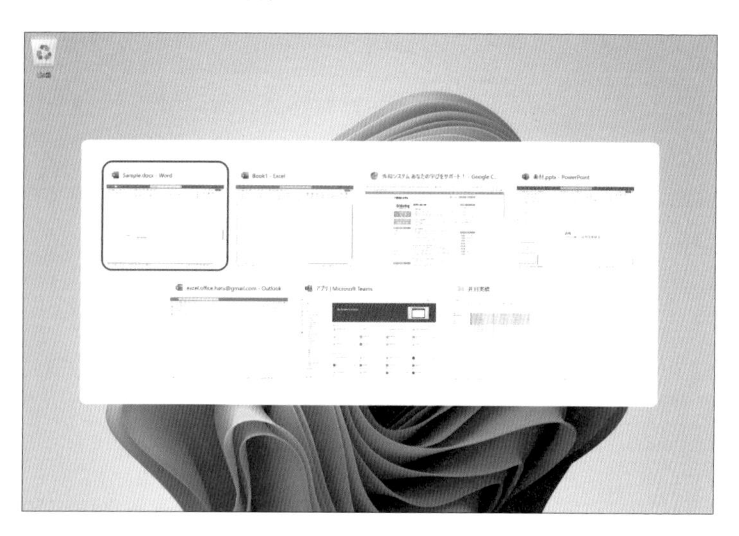

Ctrl+W｜ウインドウを閉じる①

作業が終了したら、Ctrl ＋ W で終了します。このとき、Wordであればアクティブにしていた文書だけが、Excelではアクティブなブックだけが、PowerPointではアクティブなプレゼンテーションだけが閉じられます。アプリケーション自体は起動された状態になるのです。

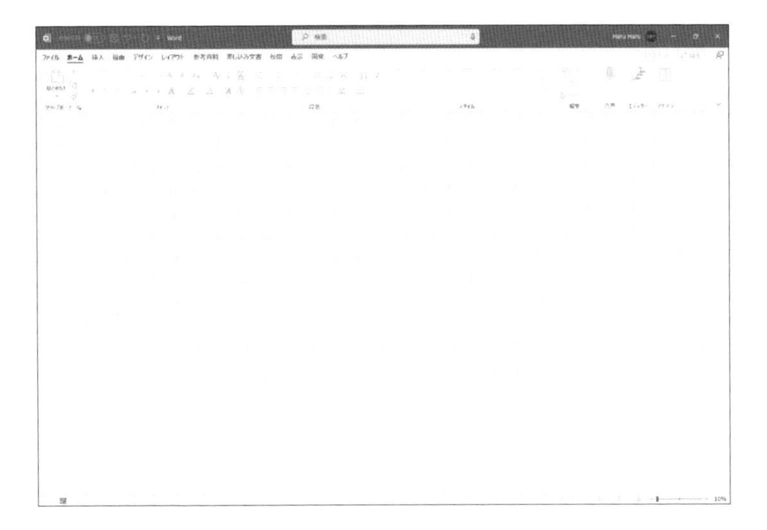

また、ブラウザやPDFのように1つのウィンドウに複数のタブが存在するケースでは、Ctrl + W で表示しているタブだけが閉じられます。詳細は「ブラウザ」のチャプターでご紹介します。

Alt+F4 | ウインドウを閉じる②

アクティブなファイルだけでなく、アプリケーション自体を終了するときは、Alt + F4 で実行します。複数のタブが開かれているブラウザウィンドウもまとめて終了できます。

なお、[Windows]＋[D]でデスクトップをアクティブにした状態で[Alt]＋[F4]を押すと、Windowsのシャットダウンメニューが開きます。

デフォルトで「シャットダウン」が選択されますので、[Enter]で

実行すればパソコンの電源がオフになります。

また、[Win]＋[X]→[U]→[U]でもシャットダウンができます。[Win]＋Xで「システムメニュー」を呼び出し、シャットダウンの項目に→[U]→[U]のアクセスキーで到達する方法です。

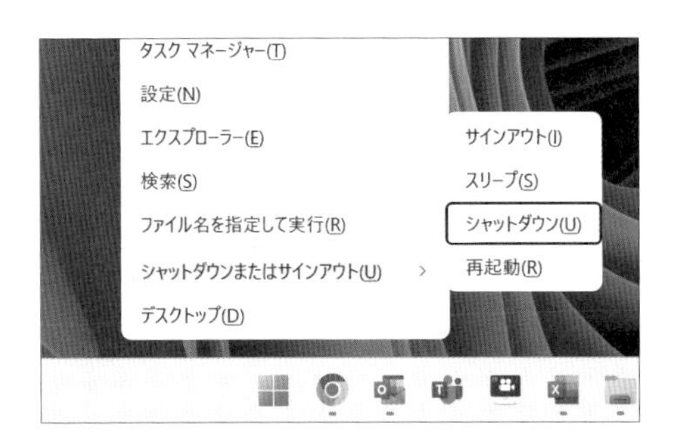

Win+Ctrl+D｜仮想デスクトップの作成

複数のタスクを同時進行していると、大量のウィンドウが開かれて収拾がつかなくなってしまうことがあります。

そんなときに[Win]と[Ctrl]、そして[D]を同時に押すと、新しいデスクトップを作成できます。

これを「仮想デスクトップ」と言います。プロジェクトやタスクごとに作業テリトリーを分けることができるので、本来別々のパソコンで行うような仕事を、一つのデバイスで完結できます。

著者はよく、

- PowerPointで戦略資料を作成するデスクトップ
- デザインソフトで広告クリエイティブを制作するデスクトップ
- Excelで企業研修用の演習ファイルをメンテナンスするデスクトップ

など、複数の作業を同時進行で進めたいときに、ウィンドウが乱立しないようにしています。

Win+Ctrl+←/→ | 仮想デスクトップの切替

この仮想デスクトップは、[Win]と[Ctrl]、左右の方向キーで簡単に切り替えられます。（それぞれのデスクトップ上で前述の[Alt]+[Tab]を押してみると、開かれているウィンドウが異なることが確認できます。ぜひ試してみてください）

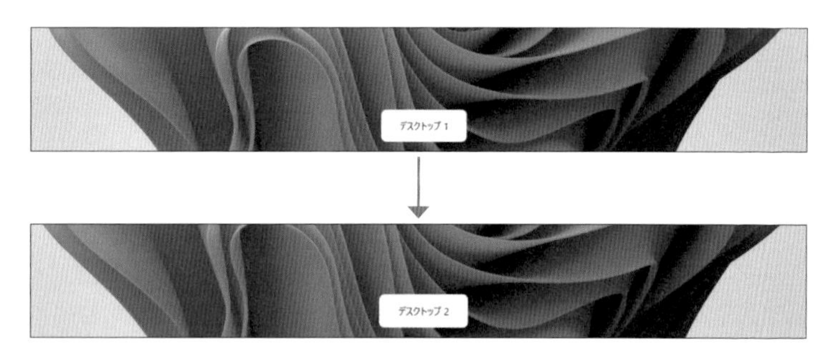

ちなみに異なるデスクトップ間でも、コピーの履歴やフォルダへの保存履歴は同期されます。

たとえば本書の執筆作業はデスクトップ「1」で行っていますが、上記のようにデスクトップ「2」のスクリーンショットを、そのままデスクトップ「1」にある原稿の編集画面に貼り付けることができているのです。

Win+Tab｜タスクビューの表示

複数のデスクトップやそれぞれの作業ウィンドウをより俯瞰的に確認できるのが、[Win]＋[Tab]で表示されるタスクビューです。

ここでも方向キーでウィンドウ間を移動できますし、[Shift]＋[Tab]でデスクトップの階層に移れば、タスクごとに分けた仮想デスクトップを切り替えることもできます。

（[Win]から手を離してもタスクビューは表示され続けますので、[Alt]＋[Tab]で表示されるウィンドウ一覧のように[Alt]を押し続ける必要はありません。）

さらに[Delete]でウィンドウやデスクトップを閉じられますので、作業画面を一度整理したいときにも有効です。

Win+Ctrl+F4｜仮想デスクトップの削除

1つのタスクが終了したら、⊞ と Ctrl 、そして F4 を同時に押し、該当のデスクトップを削除しましょう。

この操作を実行したあとは、隣接するデスクトップに画面が切り替わります。⊞ + Tab でタスクビューを確認すると、デスクトップは一つだけになったことがわかります。

タスクビューにおける仮想デスクトップの整理と併せて、いずれかやりやすい方を使ってみてください。

パソコン+「モニター」のすすめ

本レッスンの中で、パソコンと外部モニターとの拡張設定について触れました。作業領域が広がると生産性が数十%向上する研究結果もあります。

これは、作業できるフィールドが拡大したことでアプリウィンドウのサイズが大きくなり、一度に表示できる情報量が増えるためです。必然的にウィンドウの切り替えやスクロールによる手指の動きが減り、視線の移動だけで情報を閲覧できるということですね。

　業務効率を最大化するアイテムとして、マルチディスプレイ環境での作業遂行を強くおすすめします。

4 便利操作と応用機能

WindowsPCには、世界中のビジネスパーソンの生産性を底上げする様々な機能が搭載されています。その機能に素早くアクセスするキーセットを習得することで、日々の業務効率をさらにアップさせていきましょう。

ここまでの基本操作やウィンドウ操作との連続線で初めて効力を発揮するアイテムですので、本章の締めくくりとして「そんなことできたんだ！」「この操作、キーボードでできたんだ！」といった気づきのきっかけになれれば嬉しいです。

Win｜スタートメニューを開く

[Win]を押すと「スタート」メニューが開きます。

このメニュー内も方向キーや[Tab]で項目を移動できますし、ス

タートメニューを開いた段階では検索ワードの入力欄がアクティブになりますので、指定のプログラムやアプリケーションの頭文字を打ち込めば、すぐにヒットします。

Win+1～0 | タスクバーからアプリを開く

よく使うアプリケーションをタスクバーに配置しておけば、左から並んでいる順に ⊞ + 1 、⊞ + 2 と押すだけでより効率的にアクセスできます。

上図の場合、デフォルトのWindowsアイコンを除く左から

- ⊞ + 1 ：Google Chrome
- ⊞ + 2 ：Outlook
- ⊞ + 3 ：Teams

といったように起動できるのです。（このキー操作が適用される

のは、1～0まで最大10個です）

タスクバーへの登録はアプリのアイコンの上で右クリック→「タスクバーにピン留めする」を選択することで簡単に行えます。

また並び順は、タスクバー上でアイコンをドラッグ＆ドロップすることで入れ替えられます。

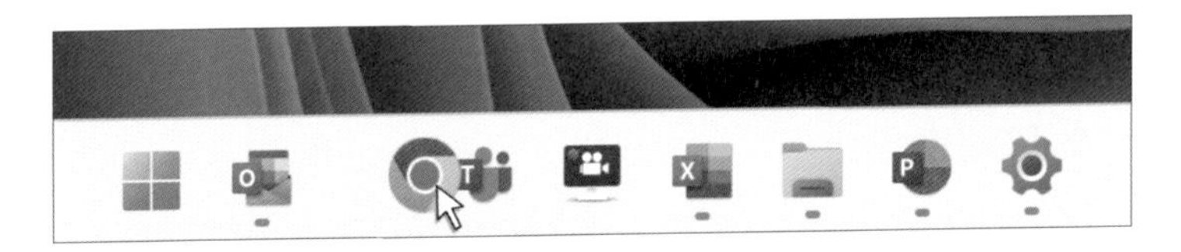

Win+T｜タスクバーの選択

⊞とTでタスクバーがアクティブになります。

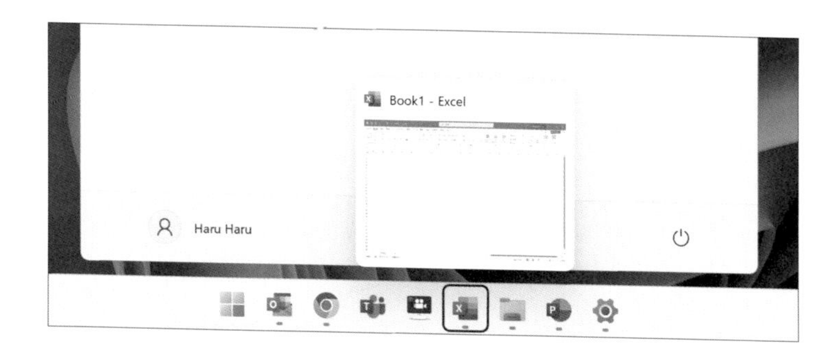

Tab でアプリケーションエリアからタスクトレイ、スタートメニューへと切り替えることもできますが、それぞれにショートカットが割り当てられているので、こうした使い方はあまりしません。

※著者は普段作業画面をなるべく広く使うためにタスクバーを隠す設定をしているため、PC画面上で現在時刻をサッと見たいときにだけ、⊞ でスタートメニューと同時にせり上がってくる時刻表示を確認しています。

Win+B｜タスクトレイの表示

前述で触れた「タスクトレイ」は、⊞ と B でアクティブにできます。

タスクトレイは、ウィンドウの右下に音量や入力変換といったアイコンが集まっているゾーンです。別名「システムトレイ」といいます。

所定のWifi環境を指定したり、デバイスの出力音量を変更したり、画面の照度を調整したりするときによく使います。

Win+E｜新規エクスプローラを開く

⊞とアルファベットのEで新しいエクスプローラーが開きます。

エクスプローラーは、コンピュータ上のフォルダーファイルシステムにアクセスできる、デバイスにおける情報の貯蔵庫のような役割を持っています。

現在開いているフォルダとは別の場所に保存されているファイルにアプローチするときに、この⊞＋Eが便利です。

Alt+←/→｜直前のページに戻る/進む

遷移したページを一つ前に戻したいときや、戻したあと再度進みたいときは、Altと左右の方向キーで切り替えられます。Alt＋←で1つ前に表示していたページに戻り、Alt＋→で再度遷移履歴を進みます。

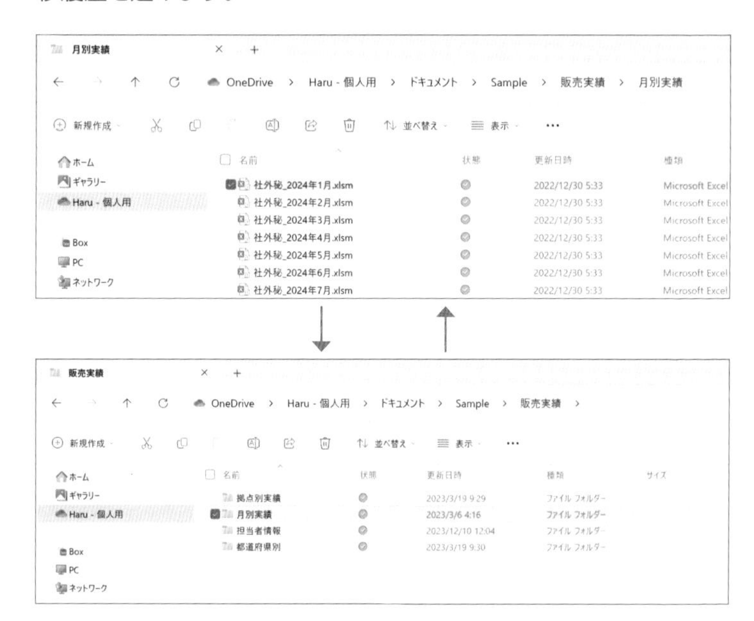

なお直前に表示されてたフォルダではなく、一つ上の階層に戻りたいときは、Alt＋↑を使います。

そして、特定のフォルダに入り込んだりファイルを開いたりするときは、Alt＋↓ではなく、Enterで実行します。

Alt+D｜アドレスバーの選択

エクスプローラーを開いているときにAltとアルファベットのDを押すと、アドレスバーがアクティブになります。

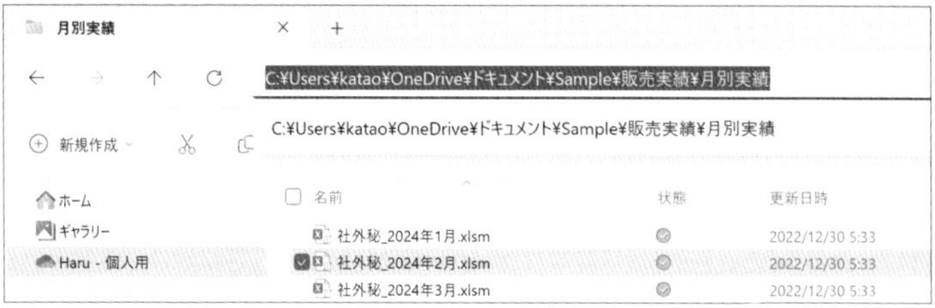

月別実績
C:¥Users¥katao¥OneDrive¥ドキュメント¥Sample¥販売実績¥月別実績
新規作成
C:¥Users¥katao¥OneDrive¥ドキュメント¥Sample¥販売実績¥月別実績
ホーム
ギャラリー
Haru - 個人用
名前
状態
更新日時
社外秘_2024年1月.xlsm 2022/12/30 5:33
社外秘_2024年2月.xlsm 2022/12/30 5:33
社外秘_2024年3月.xlsm 2022/12/30 5:33

たとえば他のメンバーからメールやチャットなどでシェアされた「フォルダのファイルパス」がうまくリンク化されておらず、クリックするだけではダイレクトに遷移できなかったとします。

こんなときに、アドレスを直接コピーしてアドレスバーに貼り付け、Enterで実行すれば、求めていたフォルダやファイルにサクッとアクセスできます。

Win+R｜ファイル名を指定して実行

特定のURLやファイルパスをもとに、よりスピーディーにアクセスできるのが⊞＋Rで呼び出せる「ファイル名を指定して実行」です。

アドレスデータをそのまま貼り付ければプログラムリソースに飛べますので、いちいちウィンドウを切り替えてコピー&ペーストする必要もありません。

前述のアドレスバーの選択とあわせて、やりやすい方を使っていきましょう。

Win++｜拡大鏡

[Win]＋[+]で、マウスカーソルの部分が拡大されます。

これは「拡大鏡」といって、情報量の多いデータ全体を俯瞰的に表示した状態で文字や画像が見づらい箇所だけを部分的に確認したいときなどに便利な機能です。

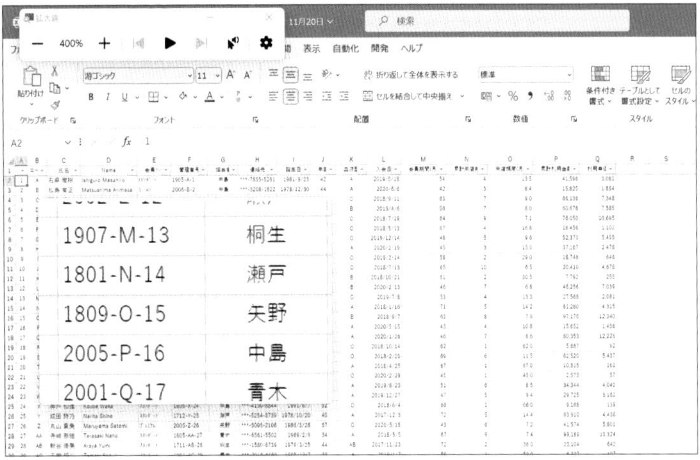

拡大鏡
400%
11月20日
検索
表示
自動化
開発
ヘルプ
貼り付け
游ゴシック
11
折り返して全体を表示する
セルを結合して中央揃え
標準
条件付き書式
テーブルとして書式設定
セルのスタイル
クリップボード
フォント
配置
数値
スタイル
A2
1
1907-M-13 桐生
1801-N-14 瀬戸
1809-O-15 矢野
2005-P-16 中島
2001-Q-17 青木

拡大鏡モードの状態で[Win]＋[+]を押すと拡大倍率が上がり、[Win]＋[-]で縮小されます。また、拡大鏡モードは[Win]＋[Esc]で解除できます。

パソコンにおでこがくっつくほどの距離で、Excelの精細なデータテーブルやブラウザの記事を見ている方が職場にいたら、この機能をこっそり教えてあげましょう。

Win+I｜設定メニューを開く

WindowsPCのあらゆる設定が行えるメニューを、[Win]＋[I]で開けます。

ディスプレイの拡張設定やサウンド、背景、時刻、キーボードの詳細設定、アカウントやバージョンの更新情報が確認できます。

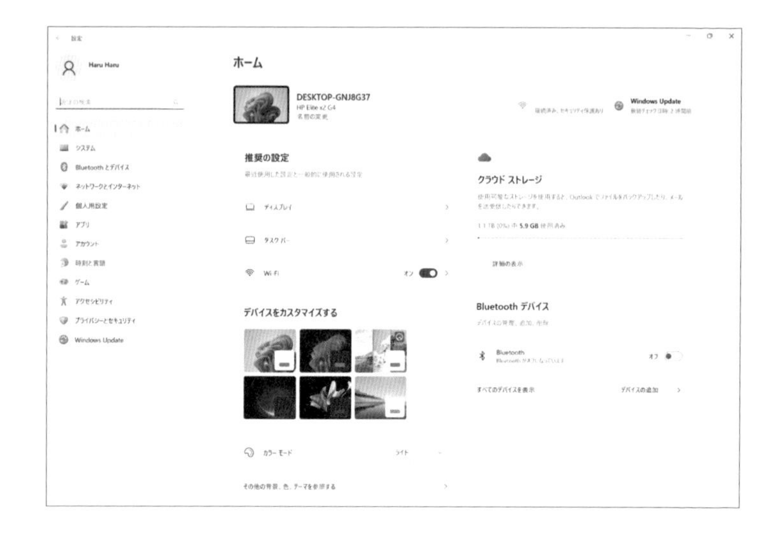

ちなみに前述で触れた拡大鏡のサイズも、アクセシビリティ→拡大鏡のメニューでアレンジできます。（Windows11の場合）

一部、各項目に直接アクセスできるショートカットもありますが、最初のうちは設定のトップを表示する ⊞ + I をおさえておきましょう。

Win+PrtSc｜スクリーンショット(画面全体)

画面全体のスクリーンショットを撮りたいときは ⊞ と PrintScreen を押します。

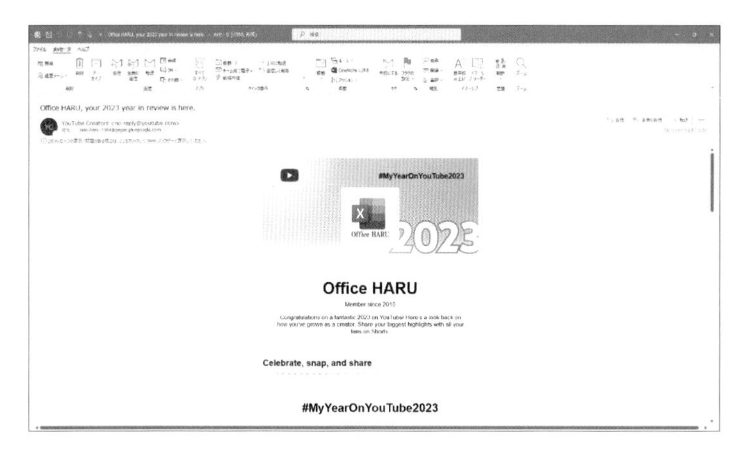

撮影した画像はピクチャ→スクリーンショットフォルダに自動保存され、同時にクリップボードにも格納されます。

マニュアルや操作手順書への引用や、WEB会議上で相手が投影している資料の内容を取り急ぎおさえておきたいときなどに活用しましょう。

撮影したスクリーンショットは、画像データの段階でも、別のアプリケーションに貼り付けた後でも、トリミングや明るさなどの調整ができます。

Win+Shift+S｜スクリーンショット(範囲指定)

提案書やプレゼンテーション資料にスクリーンショットデータを使用する場合は、作業画面の一部の領域だけを抽出したいことがほとんどです。

そんなときは、前述の"画面全体を撮影"したあとにトリミングするよりも、[Windows]＋[Shift]＋[S]で実行するスクリーンショットが効果的です。

画面が薄暗くなったと同時にマウスポインターの形が変わりますので、ドラッグしながら撮影したい範囲を選択します。

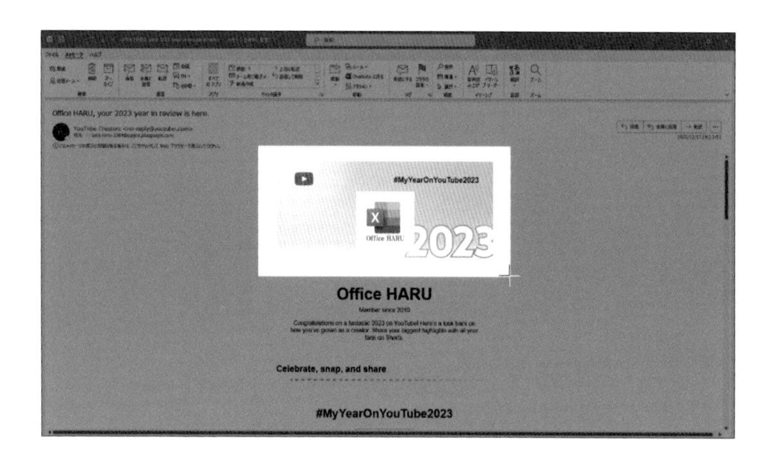

あとはマウスから手を放すだけで、その一部だけを取り出した画像データがスクリーンショットフォルダとグリップボードに保存されるのです。

Win+V｜クリップボード（コピーの履歴）

「クリップボード」とは、コピーしたデータや前述のようなスクリーンショットで撮影した画像を履歴として蓄積してくれる機能です。

このクリップボードは、[Win]＋[V]で立ち上がります。上から新しい順にデータが蓄積されており、方向キーで移動し、[Enter]で貼り付けられます。(上図は編集中の本書にサンプルのスクリーンショットを貼り付けた状態)

複数のデータをコピーした状態で貼り付け先に移動しクリップボードを立ち上げれば、コピーしてウィンドウを切り替えて貼り付け、コピーしてウィンドウを切り替えて貼り付け……、という動作を省略できるのです。

なお、コピーの履歴は[Delete]で削除でき、クリップボードに蓄積できる履歴は最大25件までです。

Win+G｜キャプチャ

[Win]と[G]で、スクリーンショットや音声、動的コンテンツを含めた画面収録機能である「キャプチャ」が開きます。

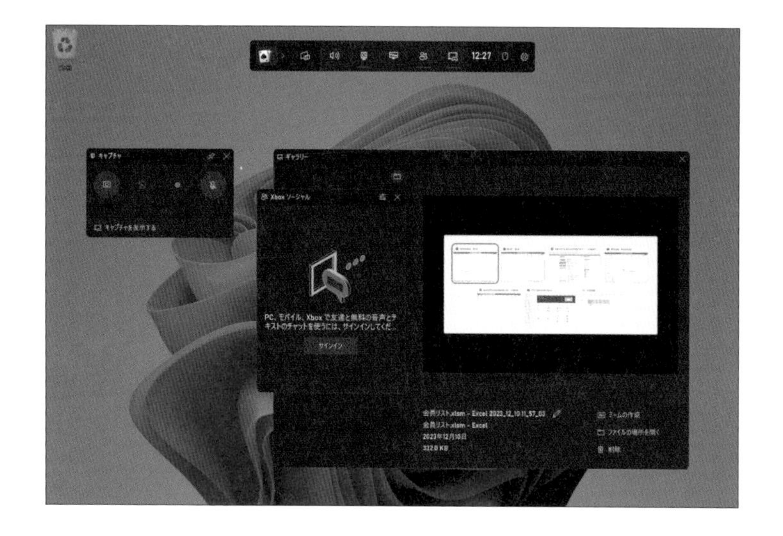

画面を録画する場合は、「録画を開始」ボタンですぐに収録が始まります。「停止」を押すと、収録クリップが所定のフォルダに保存されます。

デフォルトの保存先はビデオ→キャプチャフォルダですので、画面収録後にアクセスしてみましょう。

Win+L｜画面のロック

⊞ + L で、パソコンを起動するとき表示されるログイン画面に遷移します。IDやパスワード、ピンコードなどを入力しないとデバイスのあらゆる操作や情報の閲覧ができない状態になるのです。

社内外で業務用のパソコンを持ち歩くときや、オフィスでデスクを離れる際には、セキュリティや情報漏洩防止の観点から作業画面をロックする癖をつけておきましょう。

Ctrl+C(X)/Ctrl+V｜コピー(カット)&ペースト

コピー&ペーストとカット&ペーストの操作はセットでおさえておきましょう。まずは Ctrl + C でコピー(複製)、Ctrl + V でペースト(貼り付け)です。

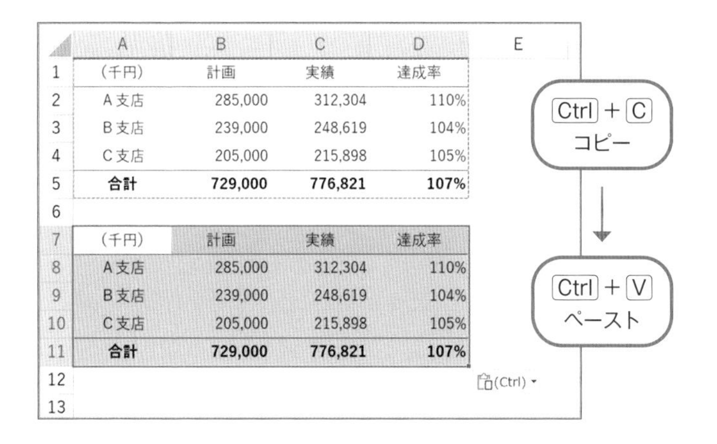

これはいかなるOfficeソフトでも、エクスプローラーやメール、ブラウザ、メモ帳といったツールでも共通で使えるキー操作です。

テキスト情報だけでなく、画像データや図形を複製するシーンまで、"コピーして貼り付ける"動作は実務で最も使う機会の多いアクションですので、確実に指先へ染み込ませておきましょう。

カット＆ペーストは、Ctrl + X でカット(切り取り)、Ctrl + V でペースト(貼り付け)です。

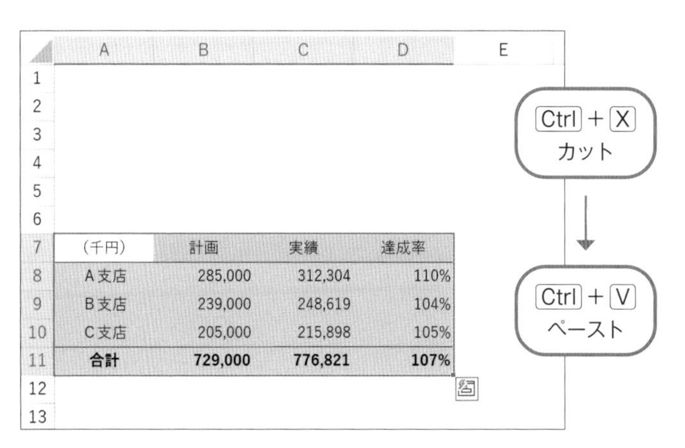

情報を切り取って貼り付けるという操作は、データの移動を意味します。エクスプローラーでカット＆ペーストすると、ファイルやプログラムが指定の保存先に移動しますし、メールボックスであれば選択したメールを所定のフォルダに移動できます。

カットが Ctrl ＋ X 、コピーが Ctrl ＋ C 、ペーストが Ctrl ＋ V なので、キーが隣り合っていてわかりやすいですよね。

Ctrl+P｜印刷メニューを開く

Ctrl ＋ P で印刷メニューが開きます。

Officeソフトはもちろん、ブラウザやPDF、メモ帳といったあらゆるツールで共通のキー操作です。プレビュー画面と各種設定に

よって、印刷のレイアウトを詳細にアレンジできます。

なお、1ページにおける印刷範囲は、PDFに変換したときにエクスポートされる範囲と同じです。

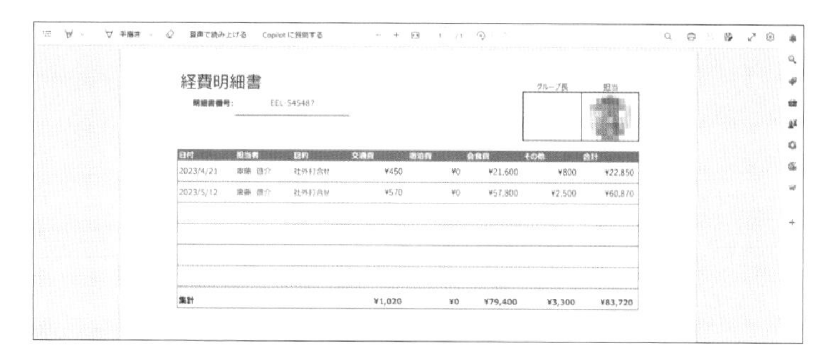

経費明細書

明細書番号: EEL-545487

グループ長 | 担当

日付	担当者	目的	交通費	宿泊費	会食費	その他	合計
2023/4/21	齋藤 啓介	社外打合せ	¥450	¥0	¥21,600	¥800	¥22,850
2023/5/12	齋藤 啓介	社外打合せ	¥570	¥0	¥57,800	¥2,500	¥60,870
集計			¥1,020	¥0	¥79,400	¥3,300	¥83,720

F6～F10｜文字の変換

全角かなモードの日本語入力でインプットした文字は、F6～F10で様々な形式に変換できます。

F6	F7	F8	F9	F10
はなおり	ハナオリ	ﾊﾅｵﾘ	Ｈａｎａｏｒｉ	Hanaori

- F6：ひらがな
- F7：全角カタカナ
- F8：半角カタカナ
- F9：全角英数字
- F10：半角英数字

無変換キーでF6～F8までのひらがな・カタカナの切り替え

を代用することも可能ですが、少なくない頻度で全角・半角英数字まで変換する機会がある方は、各ファンクションキーを通しておさえておくことをおススメします。

F12｜名前を付けて保存

新規のファイルである程度作業をしたら、一度F12で「名前を付けて保存」しておきましょう。

保存先を指定したら、わかりやすいファイル名を設定し、保存を実行します。

Ctrl+S｜上書き保存

一度名前を付けて保存したファイルは、Ctrl＋Sでこまめに上書き保存していきましょう。

実務においては、誤って保存せずにファイルを閉じてしまったり、アプリケーションが突如フリーズして泣く泣く強制終了せざるを得ないシーンに出くわすことがあります。

やり直し作業による業務効率悪化を回避するために、重要なアクションの1つです。

Ctrl+Shift+Esc｜タスクマネージャーを開く

特定のアプリケーションがフリーズし、Ctrl＋WもAlt＋F4でも終了できない場合は、Ctrl＋Shift＋Escで「タスクマネージャー」を開きます。

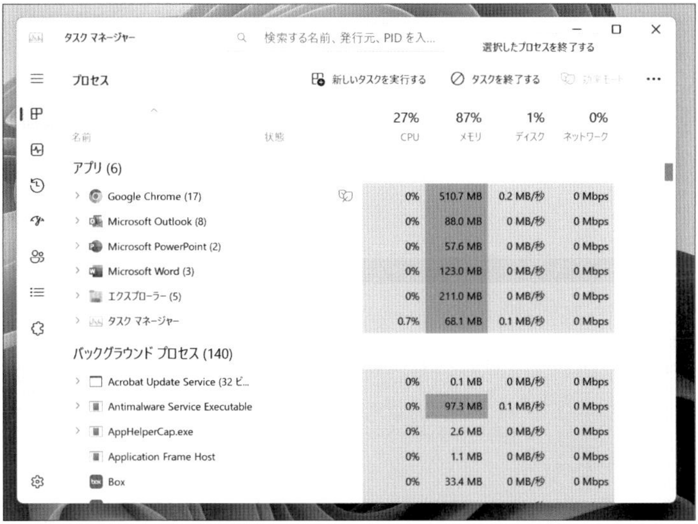

応答していないプログラムを選択し「タスクの終了」を実行します。これにより、対象のアプリケーションが強制終了されます。

そもそも「コピペ」の価値って？

普段からパソコンを使っていれば、コピー＆ペーストのアクションは毎日当たり前のように行っていますよね。ここで一度、コピペのそもそもの価値をおさらいしておきましょう。

たとえば背景色が異なるデータが必要になったとき、同じような作業を最初からやり直すよりも、全体を複製してから背景色だけ変える方が効率的です。共通で流用できる大部分を残し、小部分のみを手直しするのです。

顧客別に作成している商品提案書などでも、レイアウトや共通のセールストークは全体をコピーしてそのまま転用し、顧客ごとに事情が異なる販売状況といった情報だけをアレンジしますよね。コピペの時短効果を頭の片隅で意識しながら、日々の業務で使い倒していきましょう。

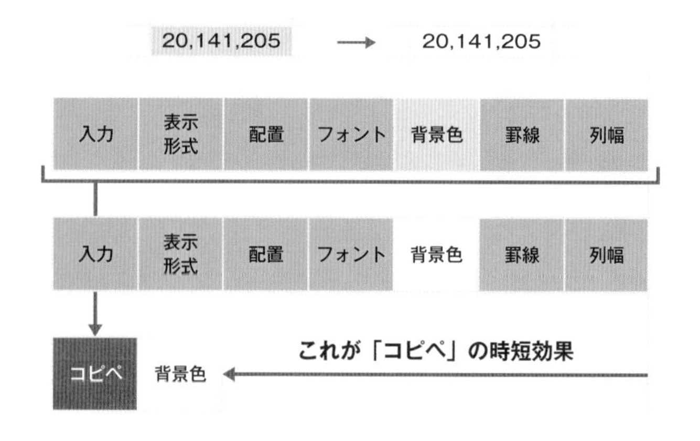

第2章

Google Chrome（Microsoft Edge）

現代を生きる私たちの生活になくてはならなくない存在に、インターネットがあります。スマートフォンやパソコンから様々な検索エンジンを用いて、日々無数の情報が検索・閲覧されています。一日の中での利用頻度が増えれば増えるほど、ブラウザの操作スピードを改善することで情報により快適にアクセスでき、生産性が劇的に向上します。本章では、デスクトップブラウザで世界最大シェアを誇る「Google Chrome」をサンプルに、インターネットブラウザで使えるショートカットキーを学習していきます。

1 タブの快速操作

ブラウザウィンドウを開くと、ページが「タブ」という単位で表示されます。このタブの追加や切り替え、選択、移動の操作が身についていると、情報の閲覧効率がガラッと変わります。

このレッスンでブラウザのタブを自在に操るショートカットをマスターし、明日からの検索行動をさらにスピードアップしていきましょう。

Ctrl+T｜新しいタブを開く

ブラウザウィンドウがアクティブな状態で Ctrl ＋ T を押すと、新しいタブが追加されます。

これまで閲覧していたタブは残したまま、新たに検索したい情報が出てきたときに、右上の「+」ボタンを押すことなくタブを挿入できるのです。

なお、新しいタブではなく新しいブラウザウィンドウを開く場合は、前章で触れた Ctrl ＋ N を使います。これまで閲覧していたページとは別のタスク（テーマ）で使用したり、ウィンドウを並べて表示したりしたいシーンで活用できます。

Ctrl+（Shift+）Tab｜タブの切り替え

Ctrl ＋ Tab で、タブの表示が右方向に切り替わります。端まで到達すると、一周戻って反対側にジャンプします。Ctrl ＋ Shift ＋ Tab で反対方向に進みます。（※ Ctrl ＋ PageUp ／ PageDown でも同じ動作となります）

タブを往来するアクションは前章のウィンドウ切り替えと同じく、実務で最も発生頻度が高いので、確実におさえておきましょう。

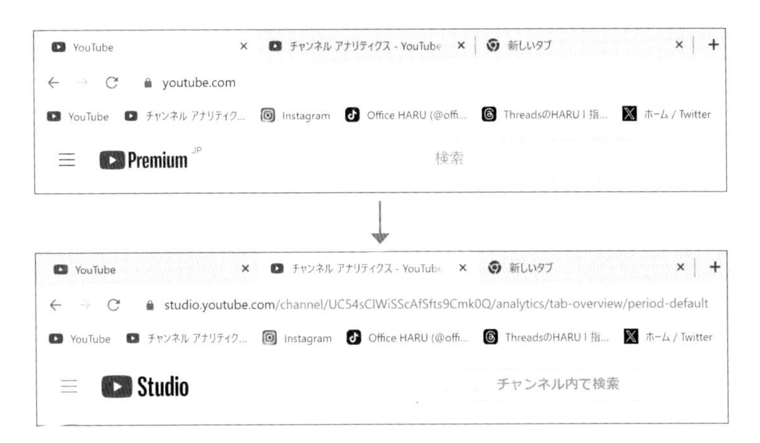

Ctrl+W｜タブを閉じる

Ctrl＋Wで、現在アクティブにしているタブが閉じます。前章で触れたOfficeアプリでのCtrl＋Wとは、少し挙動が異なりますね。タブが大量発生する前に、用が済んだページはこまめに閉じましょう。

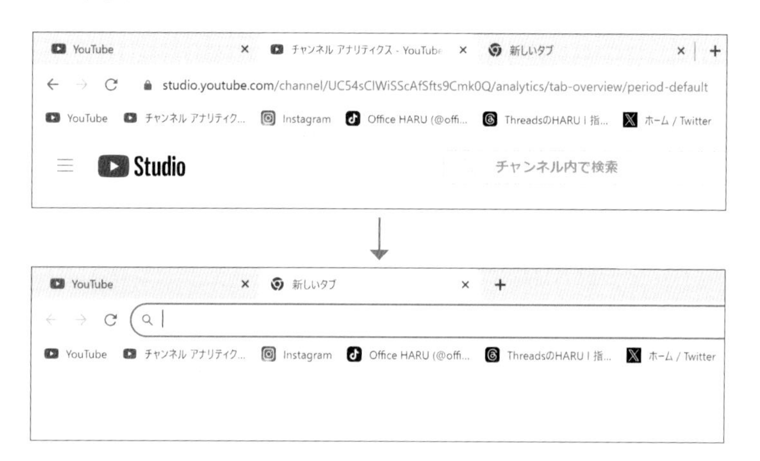

なお、すべてのタブを含むブラウザウィンドウ自体を閉じるときは、Alt＋F4を押しましょう。

Ctrl+Shift+T｜タブを復元する

Ctrl＋Shift＋Tで、直前に閉じたタブを復元します。誤って終了したタブを復元したり、もう一度閲覧したいページにアクセスしたりしたいシーンで非常に重宝できます。

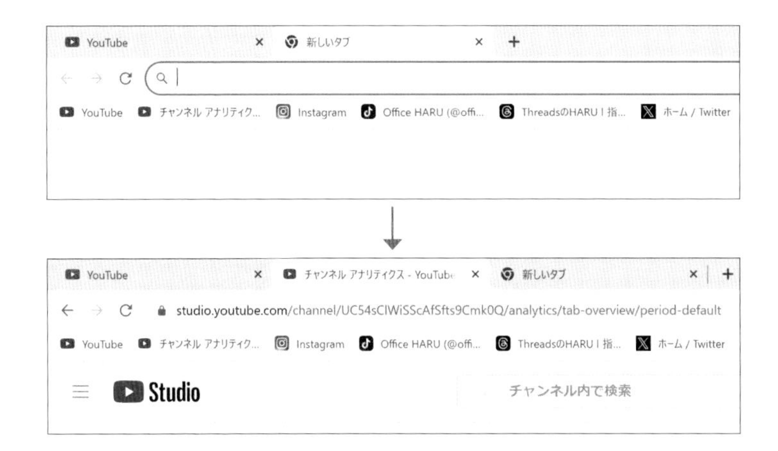

Ctrl+数字｜タブの選択

　Ctrl ＋ 1 ～ 8 の数字を指示すると、左から●番目のタブにジャンプできます。（下図は Ctrl ＋ 5 を押したことで、左から５番目のタブが選択された状態）

※ちなみに、Ctrl ＋ 9 を押すと右端のタブにジャンプします。

Ctrl+Shift+PageUp／PageDown｜タブの移動

　Ctrl ＋ Shift ＋ PageUp ／ PageDown で、現在アクティブになっているタブの位置を変更できます。

複数のタブを切り替えながら情報を閲覧したりデータをコピー&ペーストしたりするシーンで、切り替え作業自体が効率的になるよう「タブの順序」を意識してみましょう。

2 ページの遷移と更新

タブの操作を極めたら、ページの閲覧や更新に便利なキーセットをおさえましょう。縦長のランディングページをスクロールしたり、細かい情報を拡大して熟読したり、遷移してきたサイトを戻ったりと、1つのタブの中でも様々なアクションが行われます。

このレッスンで、WEBサイトの内容を快適にインプットする操作テクニックを学習し、情報の閲覧効率をもう一段上げていきましょう。

(Shift+) Space | ページのスクロール

Space で、表示されているページを一画面ずつ下へスクロールします。Shift + Space で上にスクロールできます。

※ PageUp / PageDown でも同じ動作となります。

Alt+←/→ | ページを戻る/進む

ページの表示履歴に従い、Alt + ← / → で前のページに戻ったり次のページに進んだりできます。

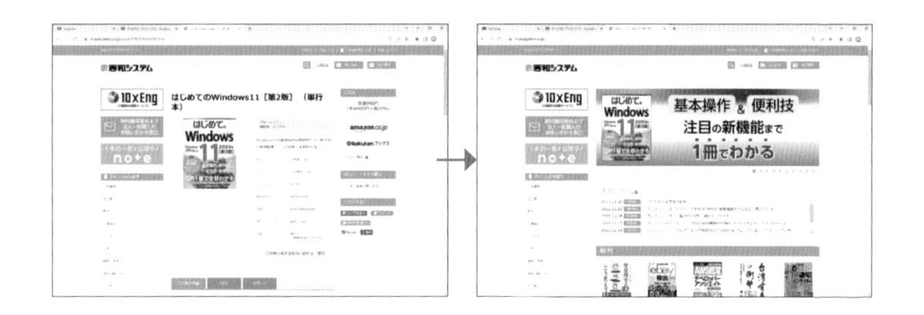

フォルダ操作における Alt ＋方向キーと異なり、フォルダの上位階層に遷移できた Alt ＋ ↑ は、ブラウザウィンドウでは使えません。

Ctrl++／－｜ページの拡大／縮小

Ctrl ＋ ＋ ／ － で、表示画面を拡大したり、縮小したりできます。WEBサイトの文字や画像が小さく感じるときに、有効活用しましょう。

（下図は左から、200％表示、100％表示、50％表示）

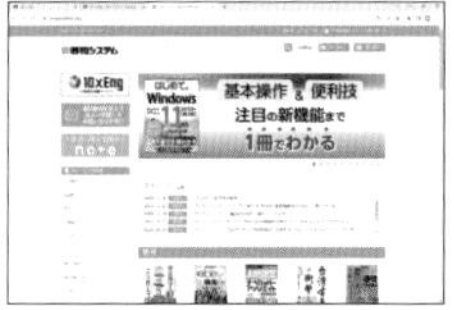

Ctrl+R｜ページの再読み込み

Ctrl ＋ R で、現在表示されているページを再読み込みします。

限定商品やライブチケットなどの予約画面、資格試験の合否発表など、掲示内容が特定時刻に更新されるWEBサイトでとても重宝されます。※F5でも同じ動作となります。

Ctrl+H｜ページ履歴の表示

Ctrl＋Hで、ブラウザで表示してきたページの履歴が表示されます。

左のメニューから「閲覧履歴データの削除」が可能です。第三者に自分の検索履歴や閲覧履歴を見られたくないときは、定期的に削除しておきましょう。

3 検索効率の最大化

本章の最後に、検索効率を最大化するテクニックをまとめてご紹介します。

特に「検索窓」と「アドレスバー」の選択は、特定の情報へアクセスしたり、対象のページを他の誰かに共有したりするシーンで絶大な効力を発揮します。ブラウザウィンドウを扱う上で最頻出のアクションですので、確実におさえておきましょう。

Ctrl+E｜検索窓の選択

Ctrl + E で、検索窓をアクティブにできます。検索したい情報にダイレクトアタックするときは、検索窓に直接ワードを入力しましょう。※ Ctrl + K でも同じ動作となります。

Ctrl+L｜アドレスバーの選択

Ctrl + L でアドレスバー（ページURL）がアクティブになります。

ほとんどのユースケースは前述の「検索窓の選択」と同じですが、現在閲覧しているサイトのパスを第三者に共有したり、加工して他のページを遷移したいときなどに使えるアイテムです。

※ Alt ＋ D でも同じ動作となります。

Ctrl+D｜ブックマークに追加

Ctrl ＋ D で、現在表示されているページがブックマーク（お気に入り）に登録されます。

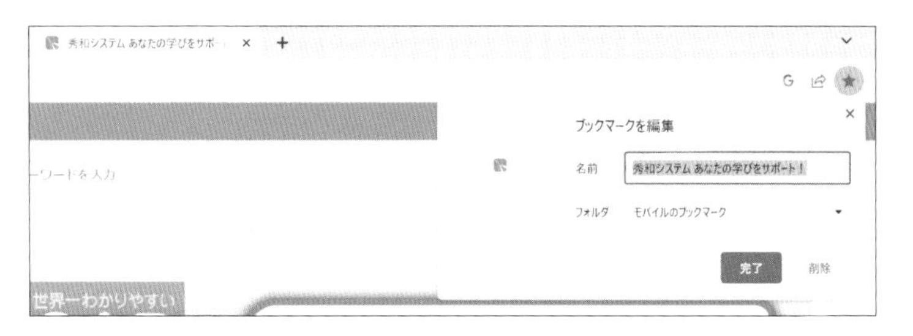

すでに登録済のページでこの操作をしたときは、ブックマーク内容を編集する画面が開きます。

Ctrl+Shift+B｜ブックマークバーの表示／非表示

Ctrl ＋ Shift ＋ B で、ブックマークバーを隠したり、再表示したりできます。

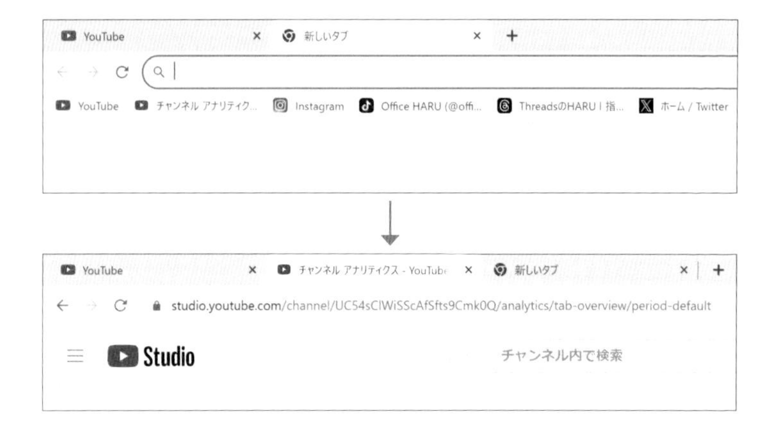

オンライン会議などで自分が何をブックマークしているのか見られたくないときは、あらかじめ非表示にしておきましょう。※この操作は新しいタブでは行えません。

Ctrl+J｜ダウンロード履歴の表示

Ctrl + J で、これまでブラウザからダウンロードしてきたファイルの一覧が表示されます。

デバイスのダウンロードフォルダから該当のファイルを移動したり削除したりすると、「削除済み」と表示されてアクセスできなくなります。

Ctrl+Shift+N｜シークレットモードで開く

ブラウザがアクティブな状態で Ctrl ＋ Shift ＋ N を押すと、新規のブラウザウィンドウが「シークレットモード」で開きます。

このモードで検索した閲覧履歴やフォームに入力した個人情報などはGoogle Chromeに記憶されず、自身のアクティビティが他

のユーザーに見られることがなくなります。

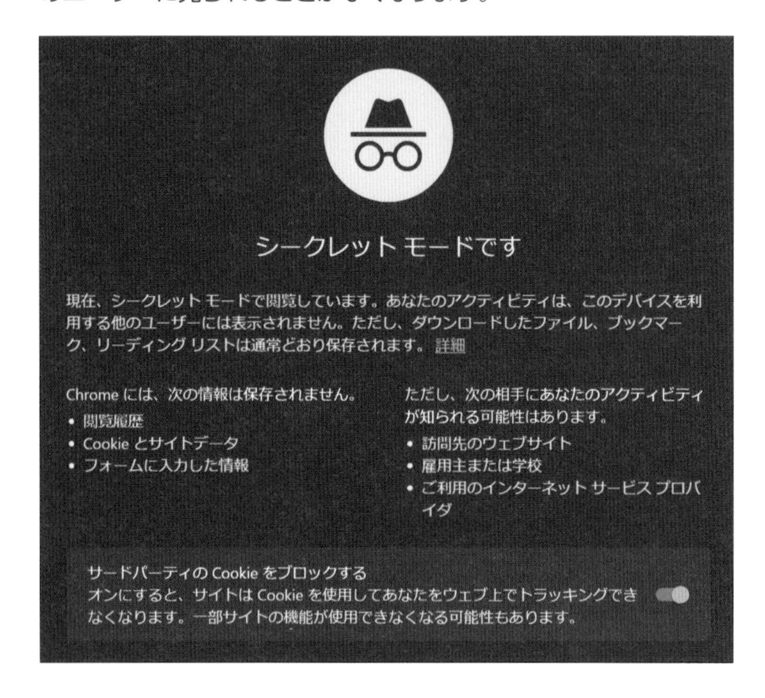

※シークレットモードで開かれたブラウザウィンドウを閉じれば、自動的にこのモードは解除されます。

Alt+E｜Chromeメニューを開く

[Alt]＋[E]で、Chromeのメニューが開きます。詳細な設定を行ったり、拡張機能を使ったりする際に活用しましょう。

※[Alt]＋[F]でも同じ動作となります。

新しいタブ
Threads
Facebook
Google
Google で検索または URL を入力
ショートカッ...
新しいタブ(T)
新しいウィンドウ(N)
新しいシークレット ウィンドウ(I)
履歴(H)
ダウンロード(D)
ブックマーク(B)
Google パスワード マネージャー(A)
New
拡張機能(E)
ズーム
100%
印刷(P)...
キャスト(C)...
検索(F)...
その他のツール(L)
編集
切り取り
コピー
貼り付け
設定(G)
ヘルプ(H)
終了(X)
組織によって管理されています

Google Chrome vs Microsoft Edge

最後に、ここまで取り上げたキーセットが「Microsoft Edge」でも使えるか検証してみましょう。

No.	ショートカットキー	動作	Chrome	Edge
1	Ctrl + T	新しいタブを開く	●	●
2	Ctrl + N	新しいウィンドウを開く	●	●
3	Ctrl + (Shift +)Tab	タブの切り替え	●	●
4	Ctrl + W	タブを閉じる	●	●
5	Ctrl + Shift + T	タブを復元する	●	●
6	Ctrl + Shift + B	ブックマークバーの表示／非表示	●	●
7	Alt + F4	ブラウザウィンドウを閉じる	●	●
8	Ctrl + 数字	タブの選択	●	●
9	Ctrl + Shift + PgUp / PgDn	タブの移動	●	●
10	Ctrl + E	検索窓の選択	●	●
11	Ctrl + L	アドレスバーの選択	●	●
12	Ctrl + D	ブックマークに追加	●	●
13	(Shift +)Space	ページのスクロール	●	●
14	Alt + ← / →	ページを戻る／進む	●	●
15	Ctrl + ＋ / −	ページの拡大／縮小	●	●
16	Ctrl + R	ページの再読み込み	●	●
17	Ctrl + H	ページ履歴の表示	●	●
18	Ctrl + J	ダウンロード履歴の表示	●	●
19	Ctrl + Shift + N	シークレットモードで開く	●	●
20	Alt + E	Chromeメニューを開く	●	●

……あれ？全部使える？！

そうなんです。UIの違いはあれど、少なくとも今回解説したショートカットキーはEdgeでも同じ働きをしてくれるのです。※Chromeメニューを開く「Alt+E」も、EdgeではEdgeメニューを開く役割に成り代わってくれますよ！

第3章

Outlook

一般的に普及する様々なコミュニケーションツールの中でも、特にビジネス現場に根強く残っているのが「メール」です。メールは社員個々人に付与されたメールアドレスという個人情報をもとにやり取りされ、テキストベースで履歴が蓄積されることから社内外問わず公的な取引にも使われています。中には就業時間のほとんどを、メールチェックやメールでのコミュニケーションに費やしている方もいらっしゃるでしょう。本章ではOutlookをサンプルに、メールと予定表の最速操作術を学習していきます。

1 メール・予定表を自在に操るキーセット

Microsoft社が提供するコミュニケーションツール「Outlook」には、大きく「メール」「予定表」とそれに付随する「連絡帳」という機能が備わっています。外部アプリケーションと連携すればスケジュールを同期化させたりすることもできます。

本章はその中でも、実務での操作頻度の高い「メール」と「予定表」の操作に絞り、便利なショートカットキーをご紹介します。組織内・取引先とのコミュニケーションに欠かせないツールを使いこなし、自身の自由時間をさらに増やしていきましょう。

※本章の図解では、メール（レイアウト）の閲覧ウィンドウを「下」に、予定表の表示形式を「週」に設定した状態で解説します。

（Shift+）方向キー｜（選択しながら）移動

メールボックス内、予定表の時間単位でアイテムを移動するときは方向キーを使用します。

▼メールボックス

すべて　未読

受信日時	件名
∨ 3 週間前	
2023/11/25	すべてのサイトオーナーが最初にするべきこと
2023/11/25	Your domain is ready! ｜ドメインの準備ができました！
2023/11/25	WordPress.com レシート番号87128598
2023/11/25	始める準備はできましたか。
2023/11/25	WordPress.com へようこそ では、始めましょう。
2023/11/25	WordPress.com へようこそ

▼予定表

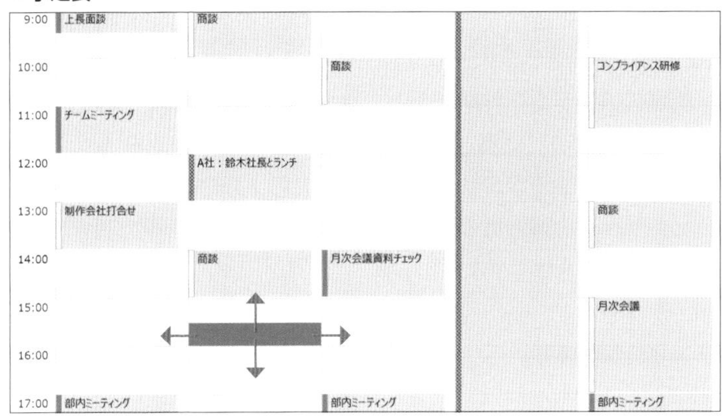

また、特定範囲のアイテムを選択しながら移動していく場合は、Shiftを押しながら方向キー操作をします。

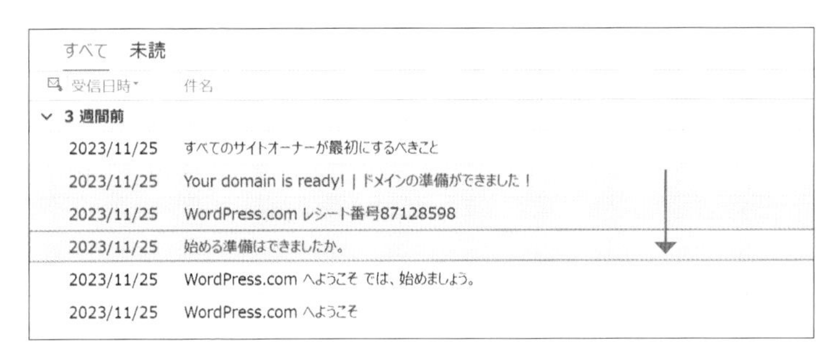

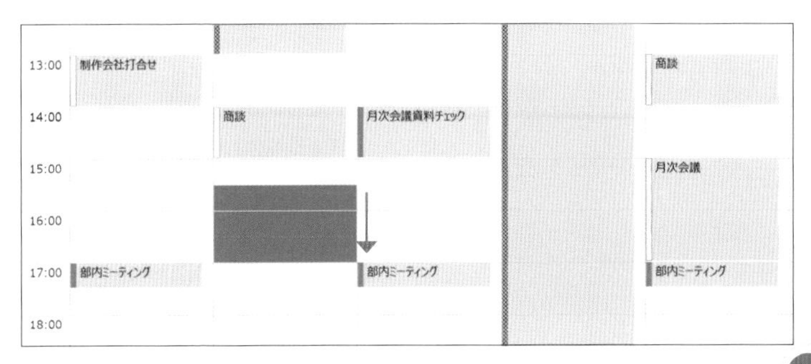

Ctrl+N｜新しいメッセージまたは予定の作成

新規のアイテムを作成するときは、Ctrl＋Nを押します。

メールが開いているときには新しいメッセージが立ち上がり、予定表を開いているときは新しい予定が立ち上がります。

メッセージの場合は「宛先」欄が、予定の場合は「タイトル」欄が、それぞれデフォルトでアクティブになります。

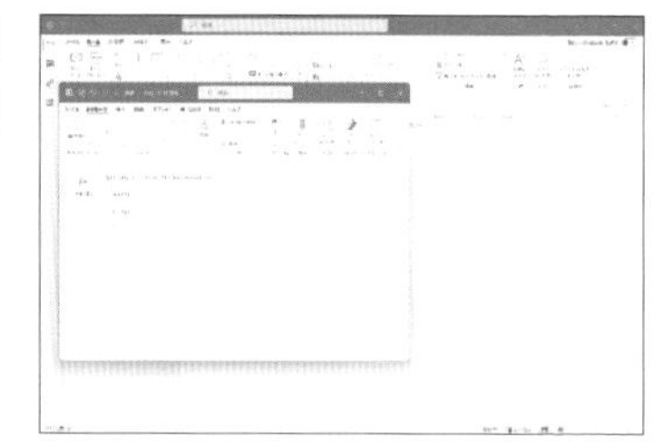

Ctrl+(Shift+)R｜（全員へ）返信

対象のメールがアクティブな状態でCtrl＋Rを押すと送信者への返信メールが生成され、メールの本文が編集状態になります。

なお、送信元ならびにTO・CCに含まれるすべてのメンバーへ返信するときはCtrl＋Shift＋Rで全員へ返信できます。

元のメールからメンバーを絞って返信したいときは、Ctrl＋Shift＋Rを押したあとに非対象者のアドレスを削っていくのが効率的です。

Ctrl+F｜転送

対象のメールを他のメンバーへ転送したいときは、Ctrl＋Fを押します。メール本文・添付ファイルを残した状態で、該当の情報を把握しておくべき別の対象者へ共有できます。

返信メールは件名の先頭に「RE:(reply)」がつくのに対し、転送メールは「FW：(forward)」が目印です。

※なお「返信」と混同しがちですが、「転送」はこれまでメールのやり取りをしていたメンバーとは別の第三者へ送付することが前提のため、「全員へ転送」という概念はありません。

(Ctrl+C→)Ctrl+V｜ファイルの添付

フォルダに保存されているファイルをCtrl＋Cでコピーし、メールの本文がアクティブな状態でCtrl＋Vを押すと、ファイルを添付できます。

もちろん「ファイルの添付」コマンドからエクスプローラーにアクセスすることもできますが、普段使い慣れたコピー＆ペーストの動作で実行できるこのキーセットをおススメします。

Ctrl+Enter｜メッセージの送信

メッセージの送信や予定表の更新には Alt ＋ S というアクセスキーが採番されていますが、メッセージの送信のみ Ctrl ＋ Enter でも実行できます。

やりやすい方を使っていきましょう。

Enter｜アイテムを開く、予定の作成

特定のメッセージや予定を選択して Enter を押すと、詳細を閲覧できる画面が開きます。

また、予定表のフィールドで Enter を押すと、新しい予定を入力できます。Shift ＋方向キーで範囲選択した状態で Enter を押せば、指定時間帯にわたる予定を作成できます。

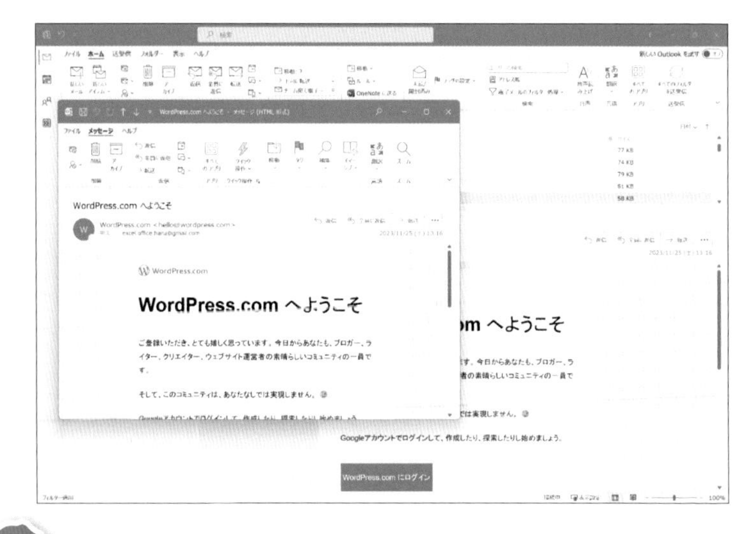

こうしたシーンでも、方向キーや Shift など、Windowsの基本操作をあなどらずに使い慣れているかがポイントですね！

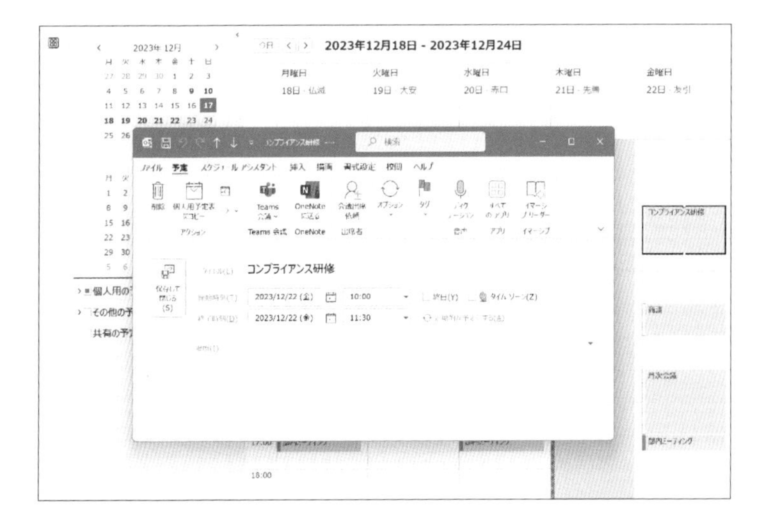

Esc｜アイテムを閉じる

ここまで見てきたメッセージや予定の閲覧画面は、ダイアログボックスやポップアップと同じく Esc で閉じることができます。

Ctrl+<／>｜メッセージの切り替え

メッセージの閲覧画面が開かれている状態で Ctrl ＋ < ／ > を押すと、次々に前後のメッセージへ表示を切り替えられます。

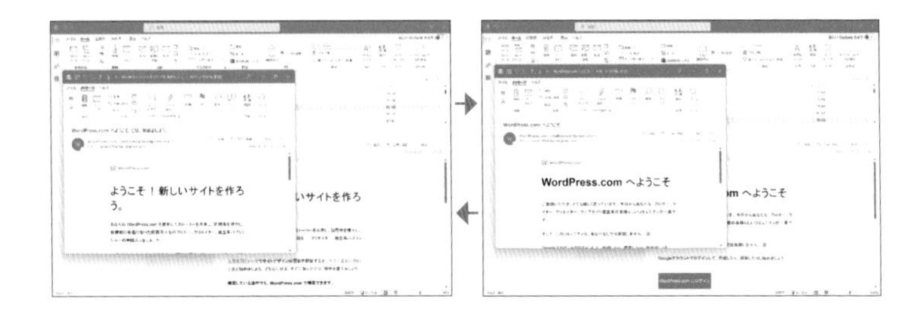

「メッセージの選択（方向キー）」→「閲覧画面の立ち上げ Enter 」→「ウィンドウを閉じる Esc 」といった操作を繰り返す必要がなくなるのです。

また、メールの閲覧画面を最大化することで、レイアウト設定を工夫（閲覧ウィンドウを「オン（右・下）」）するよりも広い範囲で、メールのチェック作業ができます。

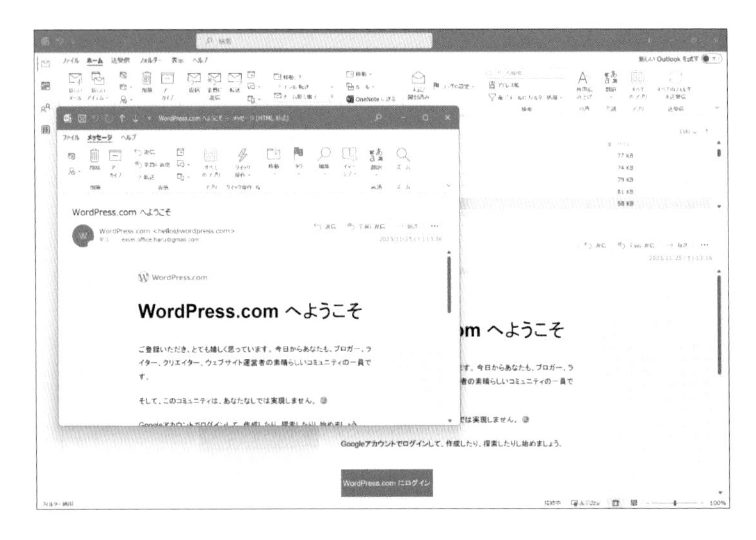

Ctrl+数字｜メール・予定表・連絡帳他の切り替え

メール、予定表、連絡帳、その他連携アプリケーションのウィンドウを、Ctrl＋数字で切り替えられます。

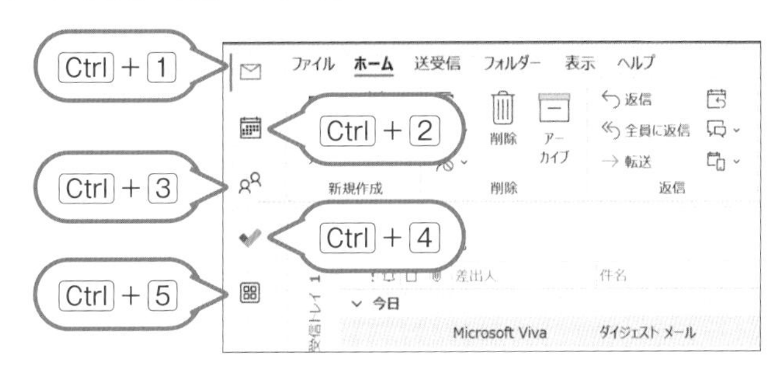

特に「メール」と「予定表」の往復はOutlookの実務でも多く発生するので、確実におさえておきましょう。

(Shift+)Tab｜領域内で移動

Tabを押していくと、同じ領域内でアクティブカーソルが移動します。また、Shift＋Tabで反対方向に進みます。

あまり聞き慣れない操作かもしれませんが、メールに添付されたファイルを開くときに重宝します。

たとえば前述のEnterでメールの閲覧ウィンドウを立ち上げたとします。

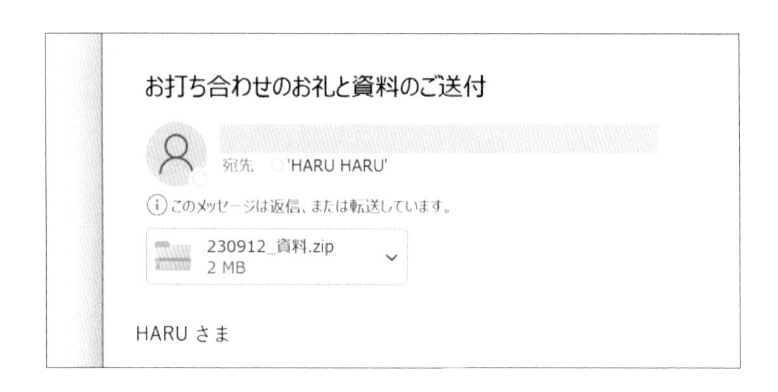

この画面では、Tab によりメール本文→メール本文中のリンク→件名→送信元情報……などと切り替わっていき、最後に1周回って「添付ファイル」にたどり着きます。

このとき、メール本文がアクティブなデフォルトの状態で進行方向が逆になる Shift + Tab を押すと、添付ファイルが選択されます。あとは Enter を押せば、該当のファイルが開きます。

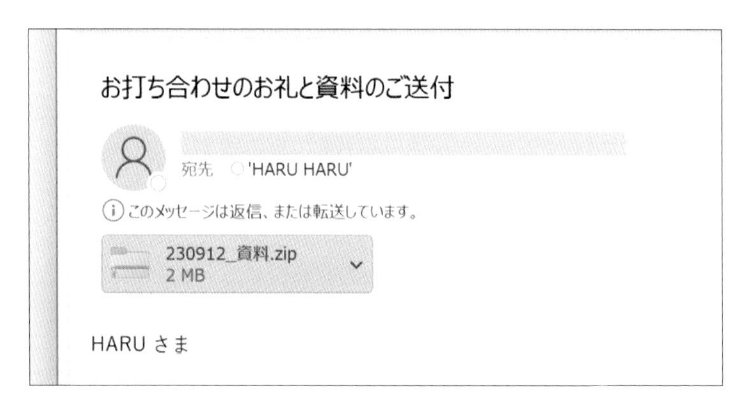

なお予定表のフィールドであれば、次の予定にジャンプしていきます。週初めに今週のスケジュールを確認し、必要に応じて開催時間や出席メンバー情報を更新するときに便利です。

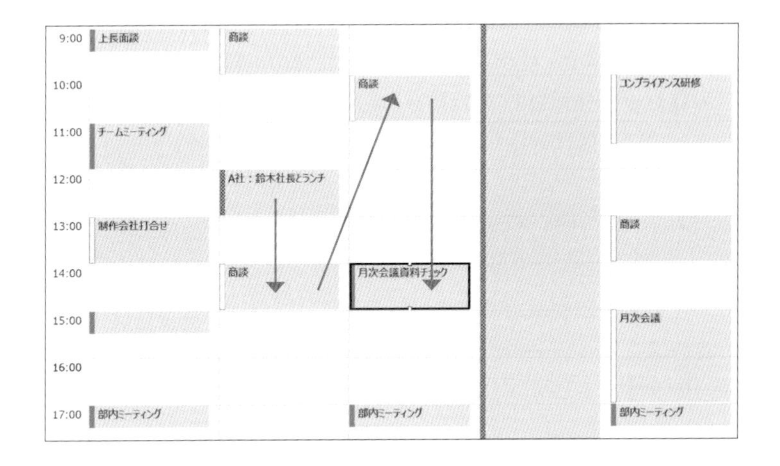

Ctrl+Tab or F6｜別の領域に移動

メールのウィンドウ内で別の領域をアクティブにするには、Ctrl + Tab を押します。この動作は F6 でも実行でき、F6 の場合は循環対象に「リボン」が加わります。

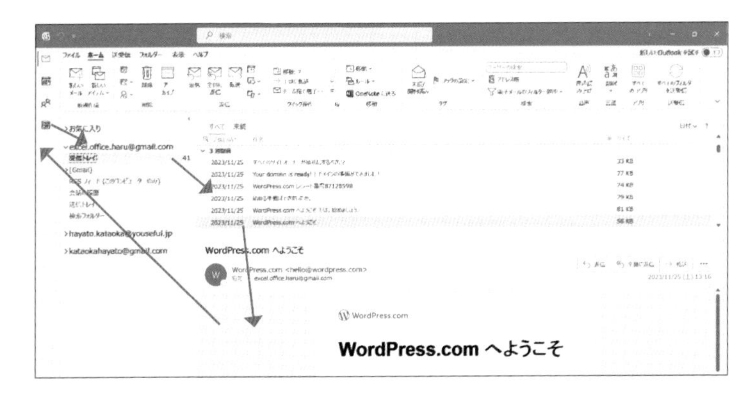

勘の良い方はお気づきかもしれませんが、それぞれの操作に

Shift を加えると、反対方向に切り替わります。特に、受信トレイやごみ箱などが表示されている「フォルダウィンドウ」とメールボックスとの間で操作対象を切り替えるときに重宝します。

(Shift+) Delete | アイテムの (完全) 削除

不要なメールや予定は、Delete で削除できます。

エクスプローラー内でフォルダやファイルを消したり、Officeアプリでテキストやオブジェクトを削除するときと同じく、誤って削除した場合は直後に Ctrl + Z を押すことで元に戻せます。

ただし、Shift + Delete を押すと以下のポップアップが表示され、「はい」を実行したら二度と復元できなくなります。

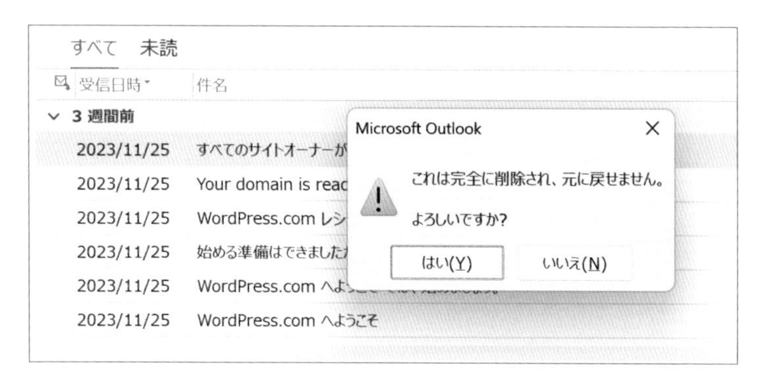

メールボックス内を整理するときは、細心の注意を払いましょう。

←／→ | セクションの折りたたみ／展開

送信日時や件名などで生成されるセクションを、左右の方向キーで折りたたんだり[←]、展開したり[→]できます。

（下図は受信日時が２週間前のセクションを[←]で折りたたんだ状態）

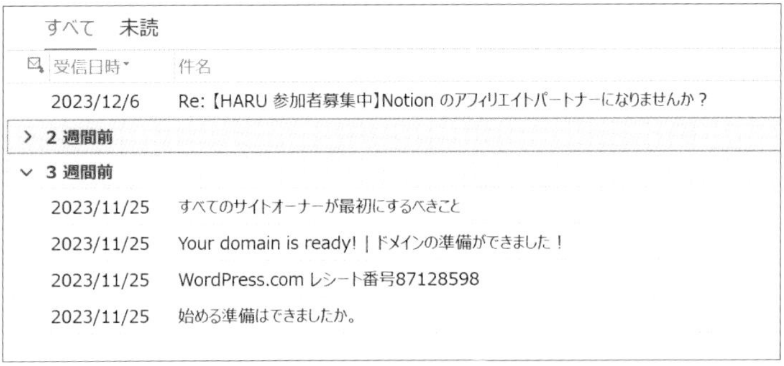

受信日時	件名
2023/12/6	Re:【HARU 参加者募集中】Notion のアフィリエイトパートナーになりませんか？
> 2 週間前	
∨ 3 週間前	
2023/11/25	すべてのサイトオーナーが最初にするべきこと
2023/11/25	Your domain is ready! | ドメインの準備ができました！
2023/11/25	WordPress.com レシート番号87128598
2023/11/25	始める準備はできましたか。

メールボックスを閲覧したり整理したりするときに、対象外の期間や送信元を非表示にしたいシーンで活用しましょう。

Ctrl+U／Ctrl+Q｜未読／既読の切り替え

対象のメールを未読（未開封）にするときは[Ctrl]＋[U]、既読（開封済み）にするときは[Ctrl]＋[Q]を押します。

▼未読（Ctrl+U）

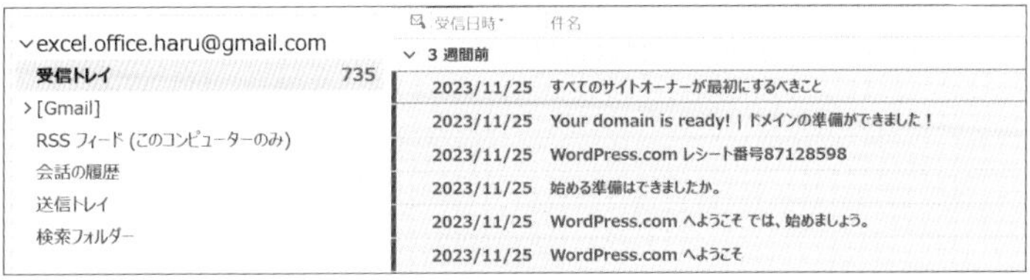

excel.office.haru@gmail.com
受信トレイ 735
[Gmail]
RSS フィード（このコンピューターのみ）
会話の履歴
送信トレイ
検索フォルダー

受信日時	件名
∨ 3 週間前	
2023/11/25	すべてのサイトオーナーが最初にするべきこと
2023/11/25	Your domain is ready! | ドメインの準備ができました！
2023/11/25	WordPress.com レシート番号87128598
2023/11/25	始める準備はできましたか。
2023/11/25	WordPress.com へようこそ では、始めましょう。
2023/11/25	WordPress.com へようこそ

▼既読（Ctrl+Q）

	受信日時	件名
˅excel.office.haru@gmail.com	˅ 3 週間前	
受信トレイ	2023/11/25	すべてのサイトオーナーが最初にするべきこと
›[Gmail]	2023/11/25	Your domain is ready! | ドメインの準備ができました！
RSS フィード（このコンピューターのみ）	2023/11/25	WordPress.com レシート番号87128598
会話の履歴	2023/11/25	始める準備はできましたか。
送信トレイ	2023/11/25	WordPress.com へようこそ では、始めましょう。
検索フォルダー	2023/11/25	WordPress.com へようこそ

ビジネスの現場からは少し離れますが、会員限定メール、無料セミナー案内など、プライベートで未開封メールが数百件、数千件と溜まっている方は、メールボックス内のメールを Ctrl ＋ A ですべて選択し、Ctrl ＋ Q で一気に開封済みにしてしまうのも手ですよ！

メールの数え方、知ってる？

メールの正式な数え方は「1通（つう）」です。元来「通」は、手形や目録などの通達・記録する書状を数える単位でした。これが後に郵便物にも適用され、電子的な郵便物である電子メールにも使われるようになったのです。

ただ、特に携帯電話でやり取りされるメールは「新着メール1"件"」のように、もっぱら「件」が使われていますよね。相手への想いを通じさせるメッセージを「通」で数えるのに対し、「件」は送られてきた"用件の数"を表します。

数え方の表現も、メールの種類や手段に応じて使い分けていきましょう！

第4章

Excel

Excelは全体の9割以上の企業・自治体が導入する表計算ソフトであり、実務における使用頻度もメールやチャットなどのコミュニケーションツールに次いで高くなっています。またビジネスの現場では常に数字を読む力・データ分析力が求められます。数学者の方に概論を教わらなくても、企業間の共通言語であるExcelを活用することでビジネスパーソンの必須スキル「≒数字力」を一定レベルまで養うことができるのです。扱うデータの量や種類が多岐に渡るExcelをサクサク使いこなすプロの技を徹底解剖していきましょう。

1 基本操作と応用コピペ

はじめにExcelのセル移動と範囲選択の基本動作をかんたんに触れたあと、第１章で解説したWindows共通のコピー＆ペースト操作をより効率化するキーセットをご紹介します。値、数式、書式といった様々な要素が複雑に絡み合うデータの持ち方をするExcelだからこその応用コピペ技ばかりですので、この機会におさえておきましょう。

セル移動と範囲選択の基本動作

- セル移動は方向キーで行い、端のデータまで一気に移動したいときは Ctrl を同時に押します。

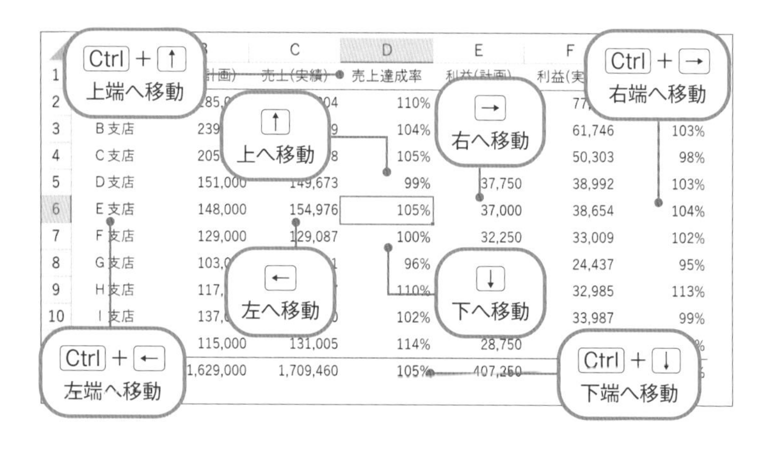

- セル移動の操作に Shift を加えると、指定の方向に範囲選択できます。

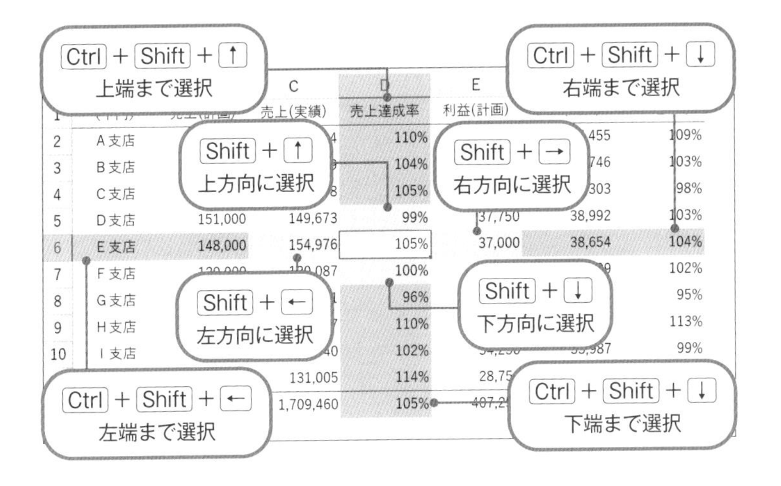

- 範囲を行や列単位で選択するときは、Shift + Space（行選択）とCtrl + Space（列選択）で行います。

	A	B	C	D	E	F	G	H
1	（千円）	売上(計画)	売上(実績)	売上達成率	利益(計[illegible]	[illegible]	[illegible]率	
2	A支店	285,000	312,304	110%	[illegible]	[illegible]	[illegible]9%	
3	B支店	239,000	248,619	104%	[illegible]	[illegible]	[illegible]3%	
4	C支店	205,000	215,898	105%	51,[illegible]	[illegible]	98%	
5	D支店	151,000	149,673	99%	37,750	38,992	103%	
6	E支店	148,000	154,976	105%	37,000	38,654	104%	
7	F支店	129,000	129,087	100%	32,250	33,009	102%	
8	G支店	[illegible]	[illegible]	96%	25,750	24,437	95%	
9	H支店	[illegible]	[illegible]	110%	29,250	32,985	113%	
10	I支店	[illegible]	[illegible]	102%	34,250	33,987	99%	
11	J支店	[illegible]	[illegible]	114%	28,750	31,198	109%	
12	合計	1,629,000	1,709,460	105%	407,250	422,766	104%	
13								
14								

※ Shift + Space による行選択を有効にするには、入力モードが「半角英数」になっている必要があります。

形式を選択して貼り付け

Excelで[Ctrl]+[C]→[Ctrl]+[V]の操作を実行すると、値、数式、書式といったすべての要素が貼り付けられます。しかし実務では往々にして、"書式を除く""値のみ"など、特定の形式で貼り付けるテクニックが求められます。

こんなときは対象のセルまたは範囲をコピーして、貼り付け先に移動した状態で[Ctrl]+[Alt]+[V]を押します。これにより、[形式を選択して貼り付け]ダイアログボックスを開きます。

※旧バージョンのアクセスキー[Alt]→[E]→[S]でもOK。

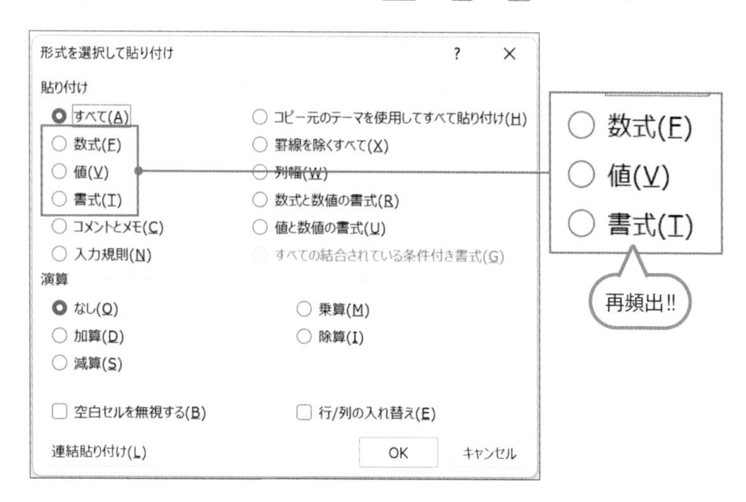

デフォルトで指定されている[すべて]が[Ctrl]+[V]と同じくすべての要素を貼り付ける操作です。貼り付ける形式は、各コマンドの横にあるアルファベットを押して、[Enter]で実行します。

（元データ）

（千円）	計画	実績	達成率
A支店	285,000	312,304	110%
B支店	239,000	248,619	104%
C支店	205,000	215,898	105%
合計	**729,000**	**776,821**	**107%**

2304 =C8/B8

F + Enter
数式貼り付け

（千円）	計画	実績	達成率
A支店	285000	312304	1.095803509
B支店	239000	248619	1.040246862
C支店	205000	215898	1.053160976
合計	729000	776821	1.06559808

1.09580350877193

V + Enter
値貼り付け

（千円）	計画	実績	達成率
A支店	285000	312304	1.095803509
B支店	239000	248619	1.040246862
C支店	205000	215898	1.053160976
合計	729000	776821	1.06559808

数値も文字列も広義では「値」。

T + Enter
書式貼り付け

第1章でX（カット）・C（コピー）・V（ペースト）がキーボード上で並んでいたことに触れましたが、実はこのV（値）・F（数式）・T（書式）も隣接しているのです。とても使いやすいですよね！

＜「形式を選択して貼り付け」で使ったキーの配置＞

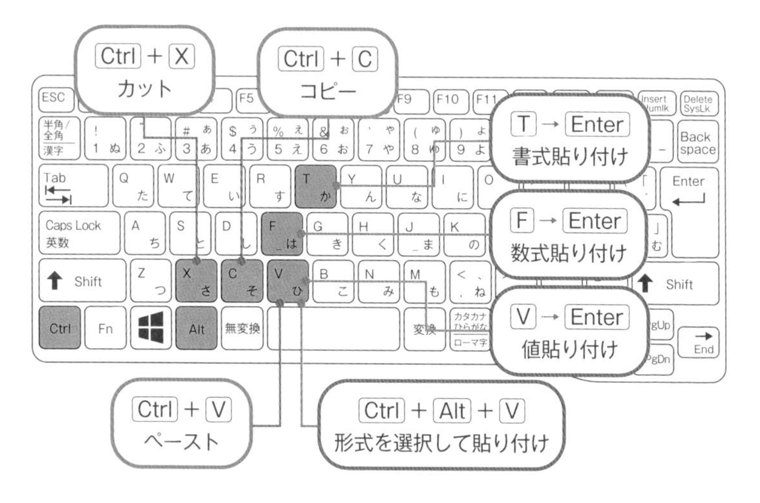

指定の方向へコピー

・右へコピー

B5セルのSUM関数をC5セルにコピーするとき、通常のコピー＆ペーストでは工数がかかります。

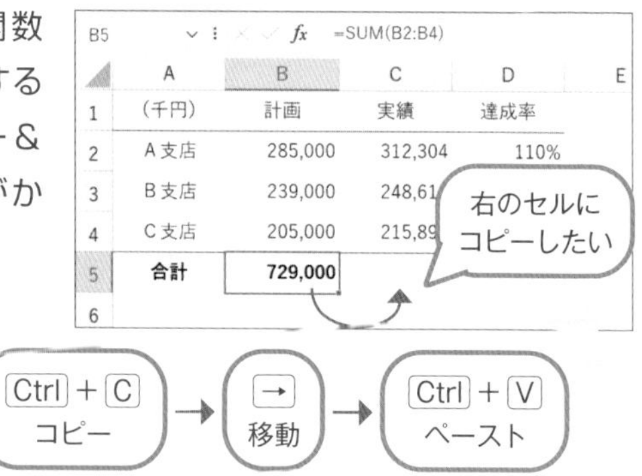

こんなときは、コピー先のC5セルをアクティブした状態で Ctrl

＋R を押しましょう。これによりB5セルのデータが右方向にコピーされ、同じ行数を参照するSUM関数が挿入されます。

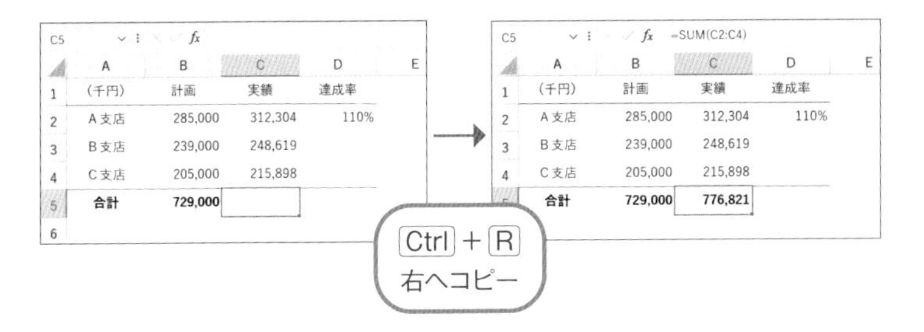

・下へコピー

D2セルの数式をD3セルにコピーするときは、D2セルをアクティブにした状態で Ctrl ＋ D を押します。これにより、D2セルのデータが下方向にコピーされ、B支店の計画達成率が求められます。

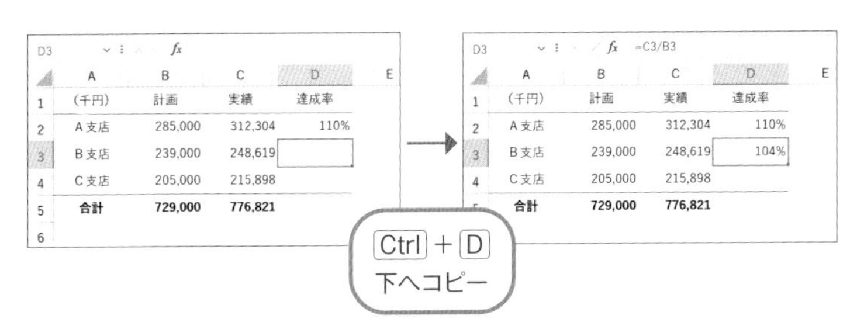

D2セルのデータをD3セル以降の複数セルにコピーしたい場合、D3～D5セルではなく、"D2" ～D5セルを範囲選択して Ctrl ＋ D を実行します。

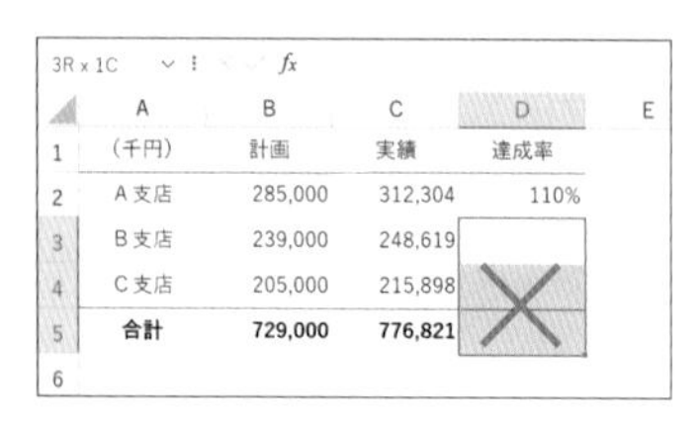

	A	B	C	D
1	(千円)	計画	実績	達成率
2	A支店	285,000	312,304	110%
3	B支店	239,000	248,619	
4	C支店	205,000	215,898	
5	合計	729,000	776,821	

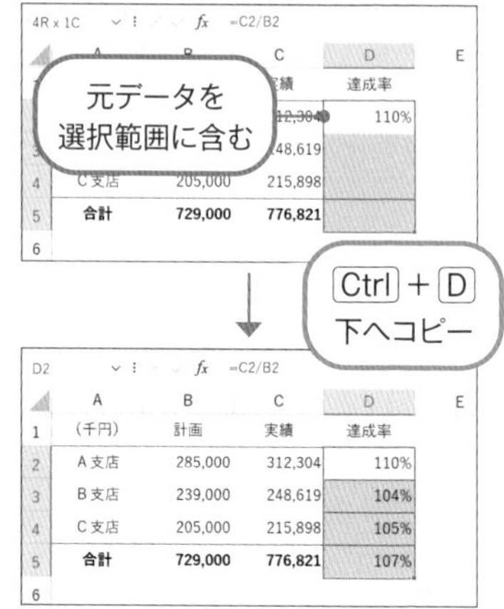

	A	B	C	D
1	(千円)	計画	実績	達成率
2	A支店	285,000	312,304	110%
3	B支店	239,000	248,619	104%
4	C支店	205,000	215,898	105%
5	合計	729,000	776,821	107%

※1つ下のセルのみにコピーするときはコピー先のセルだけを選択し、隣接する複数セルにコピーしたい場合は元データを含んで範囲選択することを意識しましょう。これは前述のCtrl＋R（右へコピー）も同じ仕様です。

値／数式の一括入力

ここまで解説したCtrl＋R／Ctrl＋Dは、書式を含めたすべての要素を複製する操作です。そのため右図のように、元のセルに罫線などが適用された状態でコピーすると、同じ書式で上書きされます。

C	D
実績	達成率
312,304	110%
248,619	104%
215,898	105%
776,821	107%

こんなときは、元データのセルを起点にコピー先の範囲を選択し、F2を押してアクティブセル（元データのセル）を編集モードにします。

	A	B	C	D
1	（千円）	計画	実績	達成率
2	A支店	285,000	312,304	=C2/B2
3	B支店	239,000	248,619	
4	C支店	205,000	215,898	
5	**合計**	**729,000**	**776,821**	
6				

F2
セル編集

この状態でCtrl＋Enterを押すと、値や数式が選択範囲に一括入力されます。書式を引き継がずに入力データのみをコピーできるのです。（罫線が上書きされていないことがわかりますね！）

	A	B	C	D
1	（千円）	計画	実績	達成率
2	A支店	285,000	312,304	110%
3	B支店	239,000	248,619	104%
4	C支店	205,000	215,898	105%
5	**合計**	**729,000**	**776,821**	**107%**
6				

Ctrl＋Enter
値/数式の一括入力

今回の操作と、「形式を選択して貼り付け」のコマンドで数式をコピーした場合の工数を比べてみましょう。

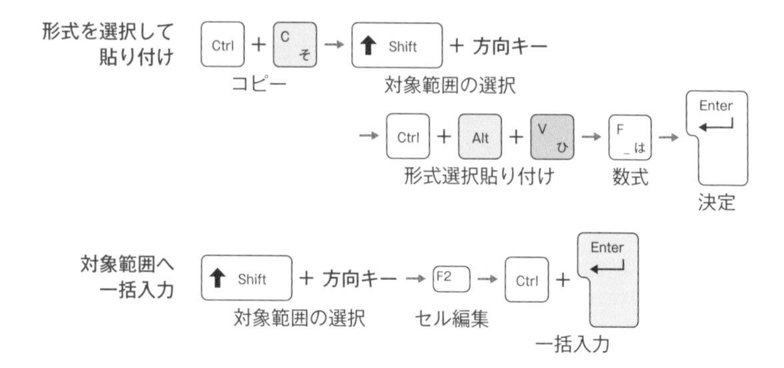

キー数が少ないのは後者ですね。「隣接したセル範囲に値／数式のみをコピーする」操作は実務でも出くわす機会がとても多いので、積極的に実践していきましょう。

2 超高度な一括選択6選

　ここまででお伝えしたコピー＆ペーストは、元のデータを他の範囲に貼り付ける、という動作によって成り立っています。この貼り付け先の範囲はときに、とても広範囲だったり、途中に空白があってスムーズに選択できなかったり、一部の行や列が非表示になっていたりすることがあります。

　そこでこのレッスンでは、範囲選択に関する応用的なメソッドをいくつかご紹介します。もちろん、コピーして貼り付け以外のシーンでも役立つテクニックばかりですので、じっくりと指先に染み込ませてください。

空白範囲の選択

　実務ではデータ入力の対象となる空白範囲（サンプルの場合はB2～F6セル）を一括選択したいことがよくあります。下図のようにコンパクトな表であれば範囲選択作業は Shift ＋方向キーで済ませられますが、広大な範囲は範囲選択するだけで時間がかかります。

	A	B	C	D	E	F	G
1		商品1	商品2	商品3	商品4	商品5	
2	A支店						
3	B支店						
4	C支店						
5	D支店						
6	E支店						
7							

　もちろん、Ctrl ＋ Shift ＋方向キーではワークシートの最果てに

飛んでしまいます。

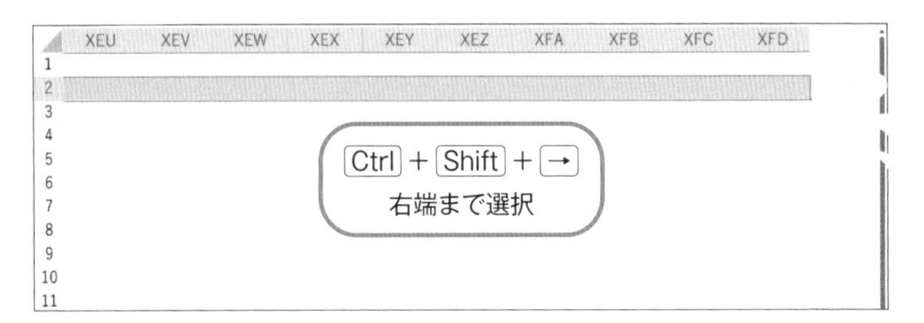

データ範囲が正しく認識されていれば、Ctrl + Shift + End でキレイに選択できる場合もあります。しかしたいていは行・列の追加や削除による加工を繰り返したり、対象範囲外にデータが入力されていたりして上手く選択できないことがほとんどです。

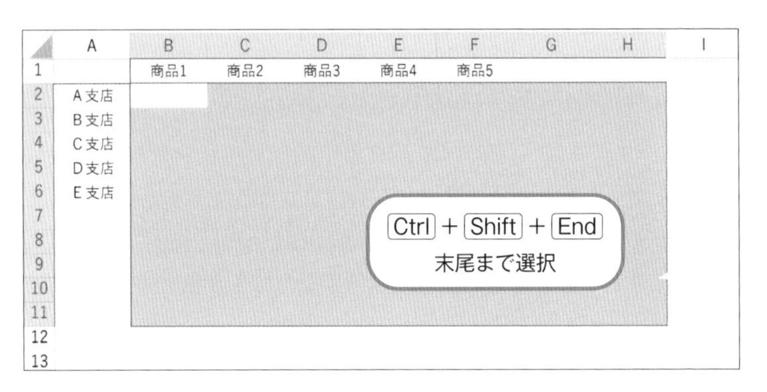

こんなときはまず、Ctrl + Shift + * を押します。

※ Ctrl + A ではなくこのキーを使うのは、アクティブセルが自動的に選択範囲の先頭（左上）に配置され、次工程の操作がしやすいためです。

	A	B	C	D	E	F	G
1		商品1	商品2	商品3	商品4	商品5	
2	A支店						
3	B支店						
4	C支店						
5	D支店						
6	E支店						
7							
8							

Ctrl + Shift + ＊
アクティブセル領域の選択

Shift + Enter または Shift + Tab で選択範囲の末尾に移動します。

※選択範囲内は方向キーでの移動ができないため、Enter または Tab を使用します。アクティブセルの稼働域が選択範囲内に限定されたことで、先頭で Shift を組み合わせると反対側に移動（ジャンプ）するのです。

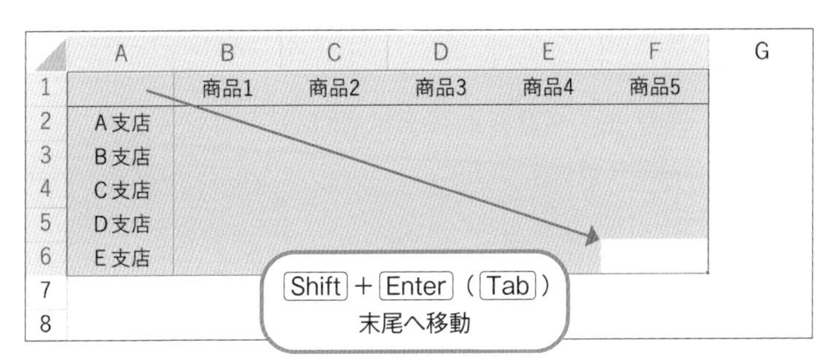

次に、Shift + ↓、Shift + → で見出し行と見出し列を対象範囲から除外します。

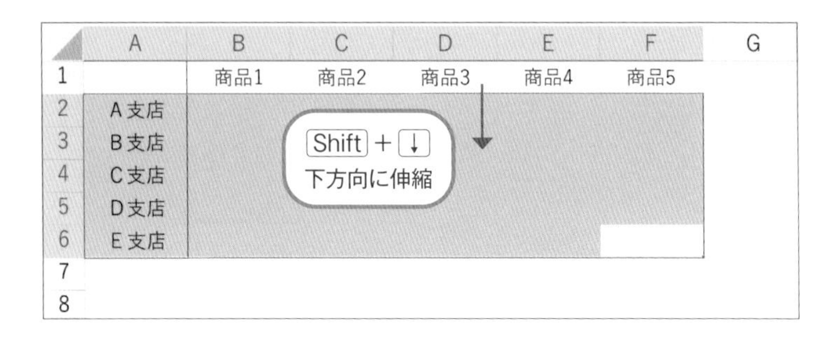

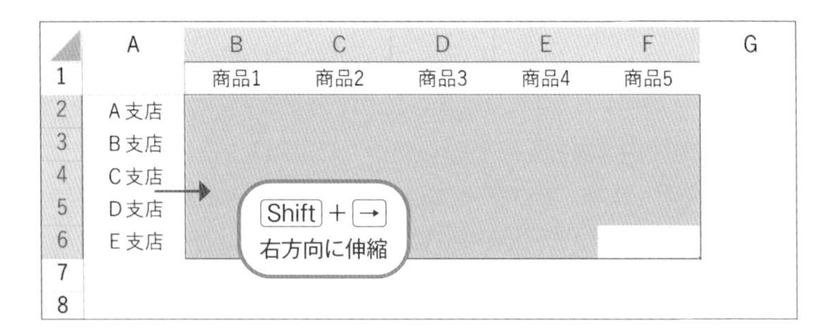

最後に Enter もしくは Tab で選択範囲内の先頭に戻れば、空白範囲だけを簡単に選択できます。

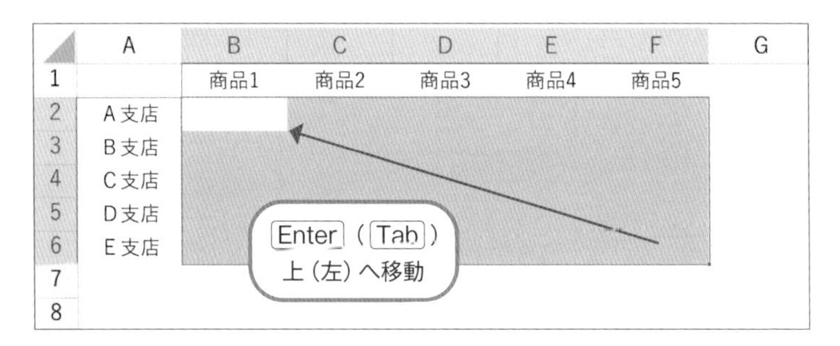

データの貼り付け先として一括選択したり、入力対象エリアだけに特定の書式を設定したりしたいときに活用しましょう。

空白セルをパスして選択

Ctrl + Shift +方向キーによる一括選択は、途中に空白セルがあるとその手前で範囲選択が止まってしまいます。

	A	B	C	D	E	F	G
1		商品1	商品2	商品3	商品4	商品5	
2	A支店	39	46	22	32	44	
3	B支店	64	29	24	40	85	
4	C支店	34	[illegible]	[illegible]	[illegible]		
5	D支店	56	[illegible]	[illegible]	[illegible]	51	
6	E支店	58	[illegible]	[illegible]	[illegible]	39	
7	F支店	37	[illegible]	[illegible]	[illegible]	77	
8	G支店	85	75	54	69		
9	H支店	20	31	90	85	38	
10	I支店	93	70	73	44		
11	J支店	87	41	82	72	64	
12							
13							

こうした行く手を阻む「空白」に邪魔されることなく端まで範囲選択する方法を、大きく2つ見ていきましょう。

・隣接列の活用

隣接する列に途切れることなくデータが入力されている場合は、まずその列のデータを一括選択します。

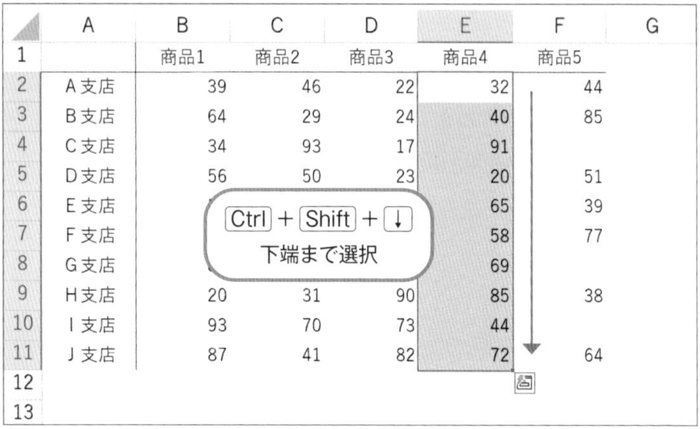

	A	B	C	D	E	F	G
1		商品1	商品2	商品3	商品4	商品5	
2	A支店	39	46	22	32	44	
3	B支店	64	29	24	40	85	
4	C支店	34	93	17	91		
5	D支店	56	50	23	20	51	
6	E支店				65	39	
7	F支店				58	77	
8	G支店				69		
9	H支店	20	31	90	85	38	
10	I支店	93	70	73	44		
11	J支店	87	41	82	72	64	
12							
13							

Ctrl + Shift + ↓
下端まで選択

Shift + → で対象範囲を選択したい列に拡張します。

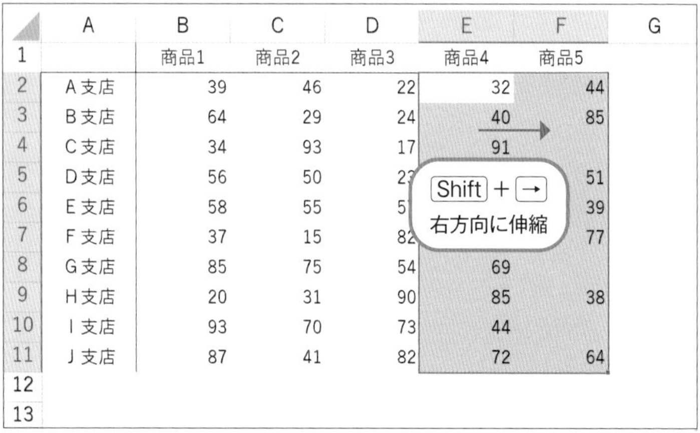

	A	B	C	D	E	F	G
1		商品1	商品2	商品3	商品4	商品5	
2	A支店	39	46	22	32	44	
3	B支店	64	29	24	40	85	
4	C支店	34	93	17	91		
5	D支店	56	50	2		51	
6	E支店	58	55	5		39	
7	F支店	37	15	82		77	
8	G支店	85	75	54	69		
9	H支店	20	31	90	85	38	
10	I支店	93	70	73	44		
11	J支店	87	41	82	72	64	
12							
13							

Shift + →
右方向に伸縮

Tab でアクティブセルを右へ移動します。

	A	B	C	D	E	F	G
1		商品1	商品2	商品3	商品4	商品5	
2	A支店	39	46	22	32	44	
3	B支店	64	29	24	40	85	
4	C支店	34	93	17	9[illegible]		
5	D支店	56	50	23	2[illegible]		
6	E支店	58	55	57	65		
7	F支店	37	15	82	58	77	
8	G支店	85	75	54	69		
9	H支店	20	31	90	85	38	
10	I支店	93	70	73	44		
11	J支店	87	41	82	72	64	
12							
13							

Tab
右へ移動

Shift + → で対象範囲を選択したい列に絞ります。

	A	B	C	D	E	F	G
1		商品1	商品2	商品3	商品4	商品5	
2	A支店	39	46	22	32	44	
3	B支店	64	29	24	40	85	
4	C支店	34	93	17	91		
5	D支店	56	50	23		51	
6	E支店	58	55	57		39	
7	F支店	37	15	82		77	
8	G支店	85	75	54	69		
9	H支店	20	31	90	85	38	
10	I支店	93	70	73	44		
11	J支店	87	41	82	72	64	
12							
13							

Shift + →
右方向に伸縮

これにより、空白セルをパスして求めていた範囲だけを選択できます。

選択範囲はアクティブセルを基点に拡張・縮小されるため、今回の場合、基点がE列にあるうちはF列だけを選択することができない点がポイントです。

Shift ＋方向キーによる範囲選択は、アクティブセルに打ったくい（基点）にロープをかけるように行われるイメージを持っておきましょう。

	商品3	商品4	商品5
46	22	32	44
29	24	40	85
93	17	91	

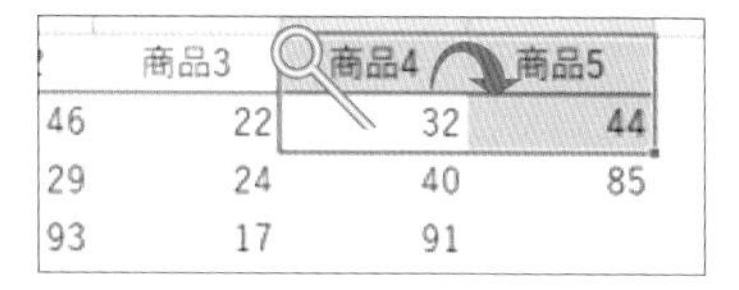

	商品3	商品4	商品5
46	22	32	44
29	24	40	85
93	17	91	

	商品3	商品4	商品5
46	22	32	44
29	24	40	85
93	17	91	

- 列の選択から始める

隣接列に頼れない場合は、次の手順がおススメです。

Ctrl ＋ Space で列を選択します。

	A	B	C	D	E	F	G
1		商品1	商品2	商品3	商品4	商品5	
2	A支店	39	46	22	32	44	
3	B支店	64	29	24	40	85	
4	C支店	34	93	17	91		
5	D支店	56	50	23	20	51	
6	E支店	58	55	57	65	39	
7	F支店	37	15			77	
8	G支店	85	75				
9	H支店	20	31			38	
10	I支店	93	70	73	44		
11	J支店	87	41	82	72	64	
12							
13							

Ctrl ＋ Space
列を選択

Ctrl + . で選択範囲の先頭をアクティブにします。

※ Ctrl + . は選択範囲内の４隅を移動するショートカットキーです。列を選択したとき、アクティブセルがどこにあっても先頭にジャンプできますので、Shift + Enter（Tab）などを連打する必要がなくなります。

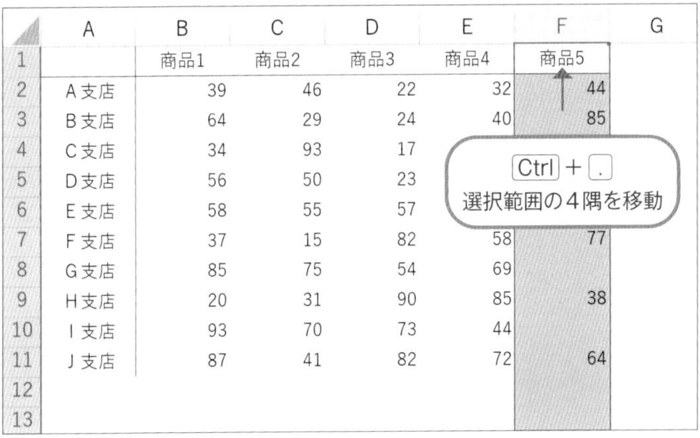

	A	B	C	D	E	F	G
1		商品1	商品2	商品3	商品4	商品5	
2	A支店	39	46	22	32	44	
3	B支店	64	29	24	40	85	
4	C支店	34	93	17			
5	D支店	56	50	23			
6	E支店	58	55	57			
7	F支店	37	15	82	58	77	
8	G支店	85	75	54	69		
9	H支店	20	31	90	85	38	
10	I支店	93	70	73	44		
11	J支店	87	41	82	72	64	
12							
13							

Ctrl + .
選択範囲の４隅を移動

選択範囲の先頭がアクティブな状態で Ctrl + Shift + ↑ を押します。

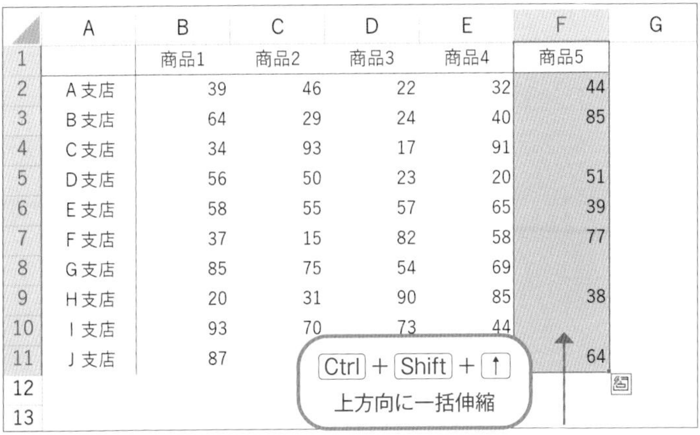

	A	B	C	D	E	F	G
1		商品1	商品2	商品3	商品4	商品5	
2	A支店	39	46	22	32	44	
3	B支店	64	29	24	40	85	
4	C支店	34	93	17	91		
5	D支店	56	50	23	20	51	
6	E支店	58	55	57	65	39	
7	F支店	37	15	82	58	77	
8	G支店	85	75	54	69		
9	H支店	20	31	90	85	38	
10	I支店	93	70	73	44		
11	J支店	87				64	
12							
13							

Ctrl + Shift + ↑
上方向に一括伸縮

4 Excel

これにより、ワークシートの最果てまで選択されていた範囲がデータの最終行までに絞られます。

※ Shift ＋方向キーによる選択範囲の伸縮は、アクティブセルが位置している地点（端）から見て反対側の範囲が操作対象となります。今回は上端のF1セルがアクティブになっているため、反対側の下端が縮小されるのです。

Ctrl ＋ . （ Shift ＋ Enter 、 Shift ＋ Tab でも可）で末尾のデータをアクティブにします。

	A	B	C	D	E	F	G
1		商品1	商品2	商品3	商品4	商品5	
2	A支店	39	46	22	32	44	
3	B支店	64	29	24	40	85	
4	C支店	34	93	17	91		
5	D支店	56	50	23	20	51	
6	E支店	58	55	57	65	39	
7	F支店	37	15	82	58	77	
8	G支店	85					
9	H支店	20				38	
10	I支店	93					
11	J支店	87	41	82	72	64	
12							
13							

Ctrl ＋ .
選択範囲の4隅を移動

Shift ＋ ↓ で見出しのセルを対象範囲から外します。※下端のF11セルがアクティブになっているため、今度は反対側の上端が伸縮する。

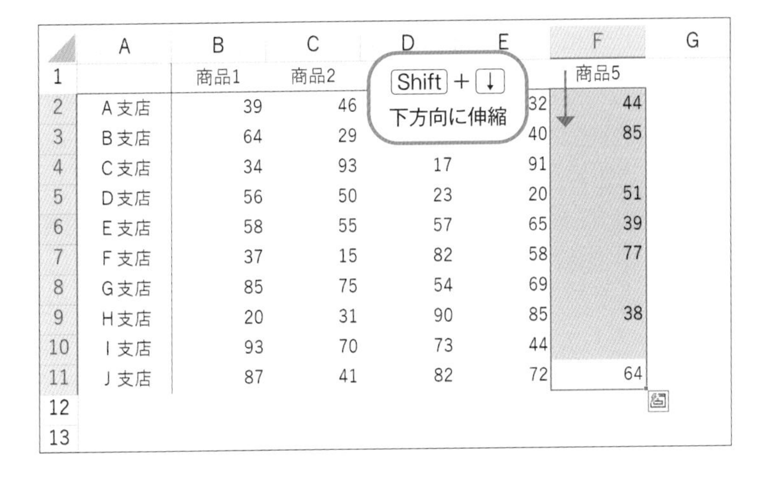

	A	B	C	D	E	F	G
1		商品1	商品2			商品5	
2	A支店	39	46		32	44	
3	B支店	64	29		40	85	
4	C支店	34	93	17	91		
5	D支店	56	50	23	20	51	
6	E支店	58	55	57	65	39	
7	F支店	37	15	82	58	77	
8	G支店	85	75	54	69		
9	H支店	20	31	90	85	38	
10	I支店	93	70	73	44		
11	J支店	87	41	82	72	64	
12							
13							

Ctrl + .（Enter、Tab でも可）で先頭のセルに戻ります。

	A	B	C	D	E	F	G
1		商品1	商品2	商品3	商品4	商品5	
2	A支店	39	46	22	32	44	
3	B支店	64	29	24	40	85	
4	C支店	34	93	17	91		
5	D支店	56	50	23			
6	E支店	58	55	57			
7	F支店	37	15	82			
8	G支店	85	75	54	69		
9	H支店	20	31	90	85	38	
10	I支店	93	70	73	44		
11	J支店	87	41	82	72	64	
12							
13							

Ctrl + .
選択範囲の４隅を移動

これにより、求めていた範囲が選択されます。

対象範囲が複数列にまたがっていたり、横方向に選択したりしたいシーンでも応用できるテクニックです。

指定の範囲をダイレクト選択

続いて、選択したい範囲の量（セル番地）があらかじめわかっている場合の選択方法です。

たとえばA1セルに入っているROW関数（参照セルの行番号を返す関数）を縦方向に30,000件コピーすることにより、1～30,000までの連番を生成したいとなったとします。

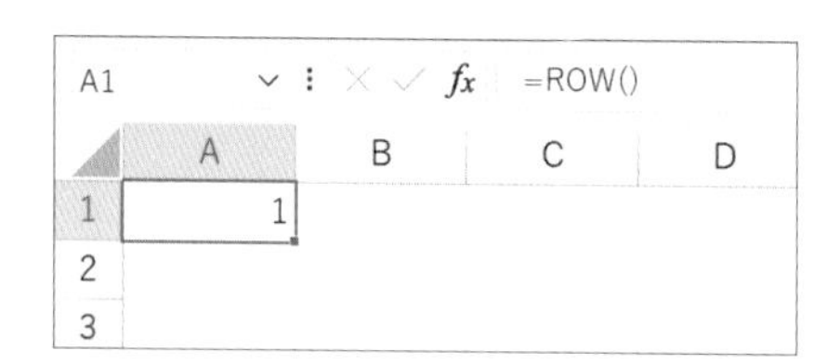

数式をコピーするために、A1～A30000セルまでを選択する必要がありますね。今回はこちらをサンプルに、指定のセル番地までピンポイントで選択する方法を解説します。

A1セルがアクティブな状態で Alt ＋ F3 を押します。これにより、ワークシート左上の「名前ボックス」が選択されます。

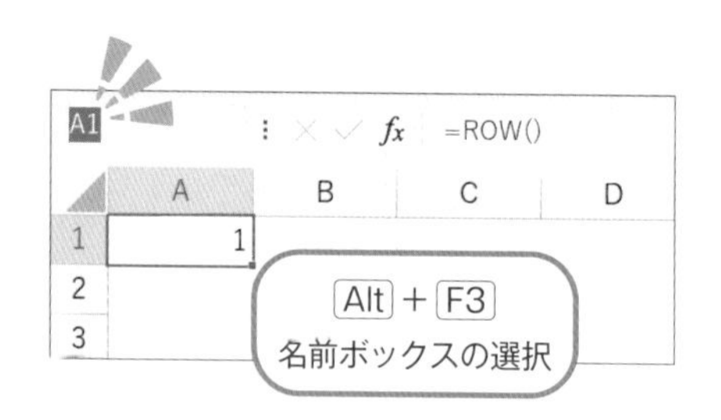

名前ボックスに「A30000」と上書きします。

Shift + Enter を押します。これにより、A30000セルまでが選択されます。

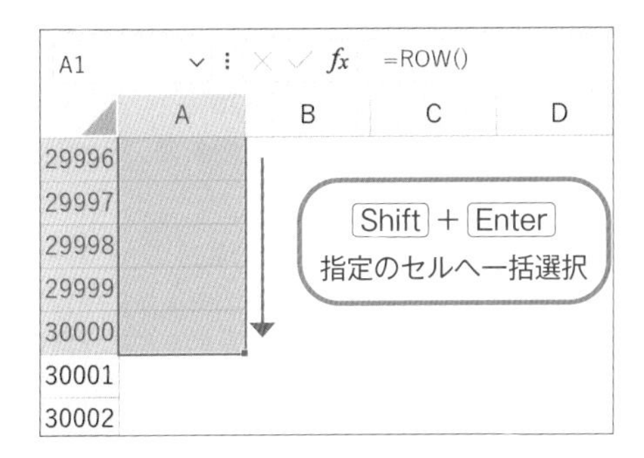

あとは、Ctrl + D でA1セルのデータを下方向にコピーすれば完了です。

※アクティブセルと異なる列番号を指示すれば、横方向にも範囲選択できます。

可視セル選択

Excelには、削除するわけにはいかないけれど、更新作業をしたり第三者にシェアしたりする際には蛇足となるデータがあります。こうした情報を隠しておくために、一部の行や列が非表示になっている表がよくあります。

	A	B	D	E	F
1	担当者	拠点	実績	達成率	
2	A	東京	312,304	110%	
4	C	東	215,898	105%	
8	G	京	99,371	96%	
10	I	京	139,440	102%	
11	J	東京	131,005	114%	
12					

非表示列

非表示行

現在表示されている部分だけを別のシートなどにコピーしようとしたとき、選択の仕方を工夫しない限り隠れている不要な非表示データも一緒に貼り付けられます。

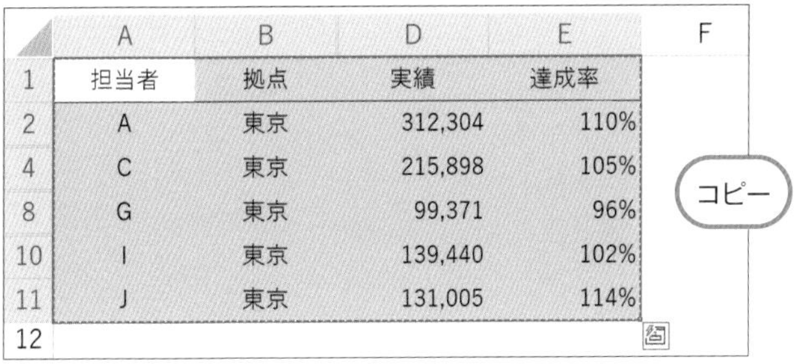

	A	B	D	E	F
1	担当者	拠点	実績	達成率	
2	A	東京	312,304	110%	
4	C	東京	215,898	105%	
8	G	東京	99,371	96%	
10	I	東京	139,440	102%	
11	J	東京	131,005	114%	
12					

コピー

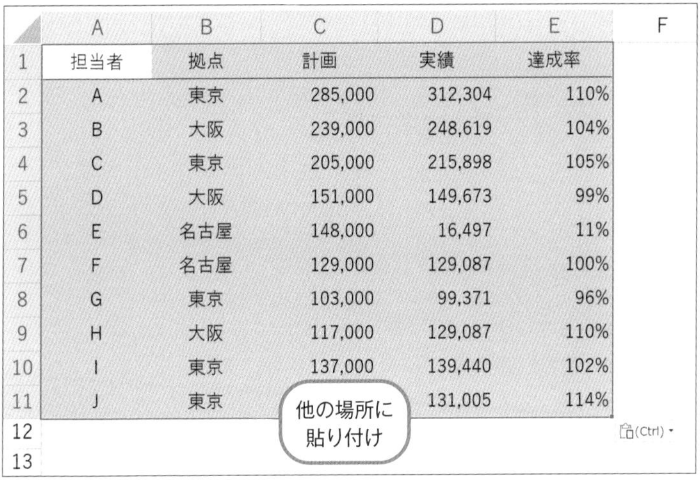

↓

	A	B	C	D	E	F
1	担当者	拠点	計画	実績	達成率	
2	A	東京	285,000	312,304	110%	
3	B	大阪	239,000	248,619	104%	
4	C	東京	205,000	215,898	105%	
5	D	大阪	151,000	149,673	99%	
6	E	名古屋	148,000	16,497	11%	
7	F	名古屋	129,000	129,087	100%	
8	G	東京	103,000	99,371	96%	
9	H	大阪	117,000	129,087	110%	
10	I	東京	137,000	139,440	102%	
11	J	東京		131,005	114%	
12						(Ctrl)
13						

他の場所に
貼り付け

そこで、非表示のデータを除いてコピーするために、いま見えているセル（＝可視セル）だけを選択するテクニックを大きく2つ解説します。

・フィルターで絞り込む

※C列「計画」が非表示の状態からスタートし、行方向はB列「拠点」に「東京」と入力されているレコードだけを表示していきます。

	A	B	D	E	F
1	担当者	拠点	実績	達成率	
2	A	東京	312,304	110%	
3	B	大阪	248,619	104%	
4	C	東京	215,898	105%	
5	D	大阪	149,673	99%	

まず「東京」をアクティブにします。※「東京」と入力されたセルであればどれでもOKです。

	A	B	D	E	F
1	担当者	拠点	実績	達成率	
2	A	東京	312,304	110%	
3	B	大阪	248,619	104%	
4	C	東京	215,898	105%	
5	D	大阪	149,673	99%	

次に Shift + F10 → E → V と押していきます。表にフィルターが挿入され、東京のデータだけで絞り込まれます。

	A	B	D	E	F
1	担当者	拠点	実績	達成率	
2	A	東京	312,304	110%	
4	C	東京	[illegible]	[illegible]	
8	G	東京	[illegible]	[illegible]	
10	I	東京	[illegible]	[illegible]	
11	J	東京	131,005	114%	
12					

Shift + F10 → E → V
選択したセルの値でフィルター

※ Shift + F10 は右クリックと同じで、「コンテクストメニュー」を開きます。キーボードにアプリケーションキーがあれば、それを

押すことでも代用できます。

[Ctrl]＋[A]で表を選択し、[Ctrl]＋[C]でコピーします。

	A	B	D	E
1	担当者	拠点	実績	達成率
2	A	東京	312,304	110%
4	C	東京	215,898	105%
8	G	東京	99,371	96%
10	I	東京	139,440	102%
11	J	東京	131,005	114%
12				

[Ctrl]＋[A]
すべて選択

[Ctrl]＋[C]
コピー

他のシートや別のブックに[Ctrl]＋[V]で貼り付けます。これにより、非表示となっていたデータを除外してペーストされます。

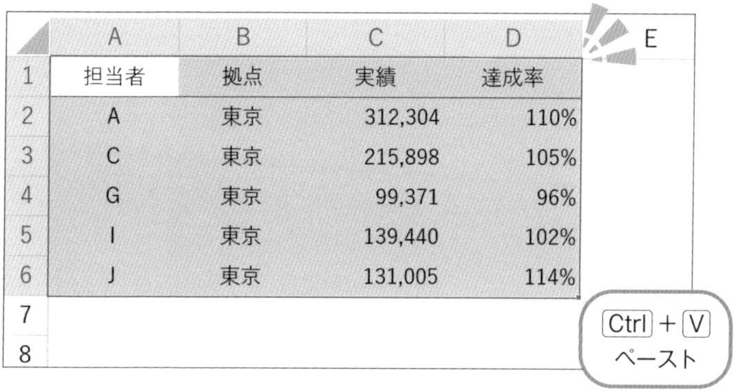

	A	B	C	D	E
1	担当者	拠点	実績	達成率	
2	A	東京	312,304	110%	
3	C	東京	215,898	105%	
4	G	東京	99,371	96%	
5	I	東京	139,440	102%	
6	J	東京	131,005	114%	
7					
8					

[Ctrl]＋[V]
ペースト

フィルターが適用された表は、自動的に非表示行・非表示列を除いてコピーしてくれることをおさえておきましょう。

- 可視セル選択

実務では、フィルターを使用せず単に行や列が隠れている表に出くわすこともあります。

この場合はCtrl＋Aで表を選択した後に、Alt＋;を押します。

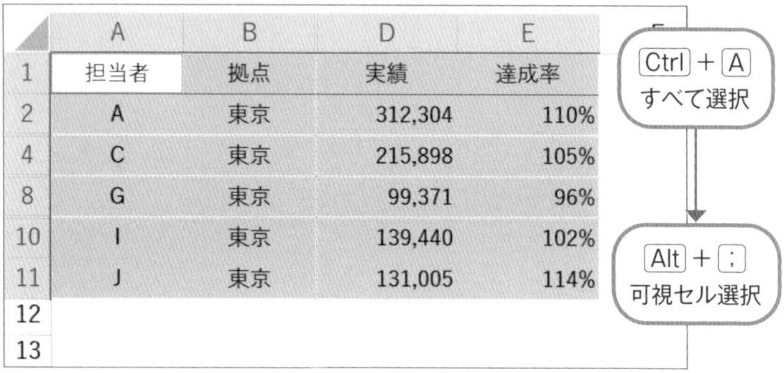

	A	B	D	E
1	担当者	拠点	実績	達成率
2	A	東京	312,304	110%
4	C	東京	215,898	105%
8	G	東京	99,371	96%
10	I	東京	139,440	102%
11	J	東京	131,005	114%
12				
13				

Ctrl＋A
すべて選択

Alt＋;
可視セル選択

あとはこの表をコピーして、他の場所に貼り付ければ完了です。

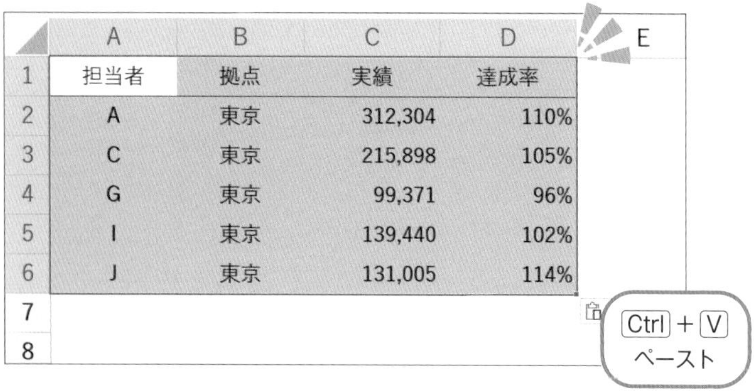

	A	B	C	D	E
1	担当者	拠点	実績	達成率	
2	A	東京	312,304	110%	
3	C	東京	215,898	105%	
4	G	東京	99,371	96%	
5	I	東京	139,440	102%	
6	J	東京	131,005	114%	
7					
8					

Ctrl＋V
ペースト

値データの選択

会計年度が切り替わったり管理対象のエリアが追加されたりして、作成した販売管理表の数式は残したまま、フォーマット流用したいことがあります。直接入力されているデータが数件であればさほど手間ではありませんが、数百件、数千件のデータを削除しなくてはならない場合、相当時間がかかってしまいます。

そこで、直接入力された値のデータだけを選択して削除する方法を見ていきましょう。どんなにデータ量が多い表でも一瞬で処理できます。やり方は大きく2つです。

	A	B	C	D	E	F	G	H
1	(件)	前年	計画	前年比	実績	前年[illegible]	対計画	
2	A支店			[illegible]	[illegible]	[illegible]%	+616	
3	B支店			[illegible]	[illegible]	[illegible]%	+556	
4	第1ブロック	0	0	0%	1,172	0%	+1,172	
5	C支店			[illegible]	[illegible]	[illegible]%	+716	
6	D支店			[illegible]	[illegible]	[illegible]%	+743	
7	第2ブロック	0	0	0%	1,459	0%	+1,459	
8	E支店	733	800	1[illegible]	[illegible]	[illegible]%	▲152	
9	F支店	205	250	1[illegible]	[illegible]	3[illegible]%	+441	
10	第3ブロック	938	1,050	112%	1,339	143%	+289	
11	G支店	478	500	105%	575	120%	+75	
12	H支店	278	300	108%	269	97%	▲31	
13	第4ブロック	756	800	106%	844	112%	+44	
14	I支店	243	300	123%	377	155%	+77	
15	J支店	690	700	101%	643	93%	▲57	
16	第5ブロック	933	1000	107%	1020	109%	+20	
17	総合計	2,627	2,850	108%	5,834	222%	+2,984	
18								

選択→削除
選択→削除
選択→削除

・ジャンプ機能で選択

表を Ctrl + A で選択し、Ctrl + G でジャンプを呼び出します。次に Alt + S で左下の「セル選択」にアクセスします。

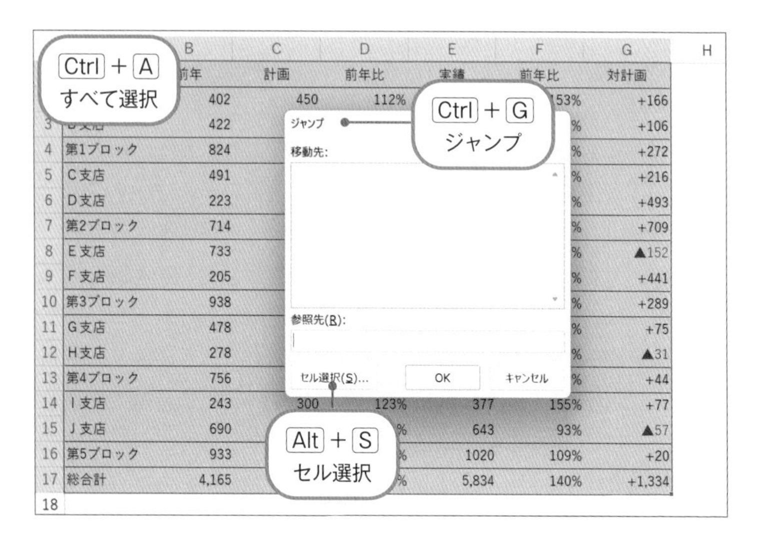

「選択オプション」ダイアログボックスが開かれます。

今回選択対象となるのは直接入力されている値です。デフォルトでは「数値」がグレーアウトされていますが、「定数」または「数式」のチェックボックスを入れると有効になります。

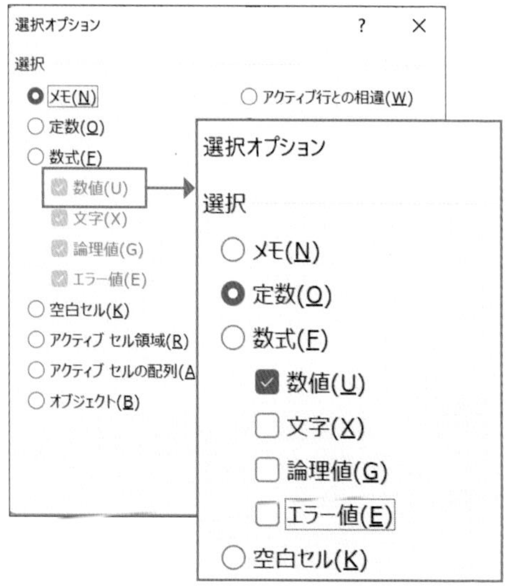

ここではアルファベットのOを押して「定数」を選択し、XGEを押して「数値」以外のチェックを外します。

Enterで実行すると、直接入力された値だけが選択されます。

	A	B	C	D	E	F	G	H
1	（件）	前年	計画	前年比	実績	前年比	対計画	
2	A支店	402	450	112%	616	153%	+166	
3	B支店	422	450	107%	556	132%	+106	
4	第1ブロック	824	900	109%	1,172	142%	+272	
5	C支店	491	500	102%	716	146%	+216	
6	D支店	223	250	112%	743	333%	+493	
7	第2ブロック	714	750	105%	1,459	204%	+709	
8	E支店	733	800	109%	648	88%	▲152	
9	F支店	205	250	122%	691	337%	+441	
10	第3ブロック	938	1,050	112%	1,339	143%	+289	
11	G支店	478	500	105%	575	120%	+75	
12	H支店	278	300	108%	269	97%	▲31	
13	第4ブロック	756	800	106%	844	112%	+44	
14	I支店	243	300	123%	377	155%	+77	
15	J支店	690	700	101%	643	93%	▲57	
16	第5ブロック	933	1000	107%	1020	109%	+20	
17	総合計	4,165	4,500	108%	5,834	140%	+1,334	
18								

最後に Delete で削除すれば、表を一から作成することなくフォーマットを流用できます。

	A	B	C	D	E	F	G	H
1	（件）	前年	計画	前年比	実績	前年比		
2	A支店			0%				
3	B支店			0%				
4	第1ブロック	0	0	0%	0	0%	-	
5	C支店			0%		0%	-	
6	D支店			0%		0%	-	
7	第2ブロック	0	0	0%	0	0%	-	
8	E支店			0%		0%	-	
9	F支店			0%		0%	-	
10	第3ブロック	0	0	0%	0	0%	-	
11	G支店			0%		0%	-	
12	H支店			0%		0%	-	
13	第4ブロック	0	0	0%	0	0%	-	
14	I支店			0%		0%	-	
15	J支店			0%		0%	-	
16	第5ブロック	0	0	0%	0	0%	-	
17	総合計	0	0	0%	0	0%	-	
18								

Delete
削除

・参照元の選択

次に、数式が参照する値をたどるショートカットキーを使っていきます。Ctrl ＋ A で表を選択するところまでは同じです。

4 Excel

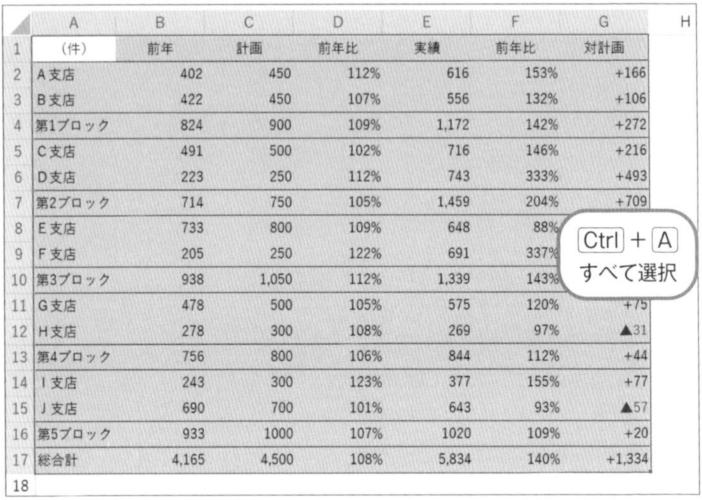

	A	B	C	D	E	F	G	H
1	（件）	前年	計画	前年比	実績	前年比	対計画	
2	A支店	402	450	112%	616	153%	+166	
3	B支店	422	450	107%	556	132%	+106	
4	第1ブロック	824	900	109%	1,172	142%	+272	
5	C支店	491	500	102%	716	146%	+216	
6	D支店	223	250	112%	743	333%	+493	
7	第2ブロック	714	750	105%	1,459	204%	+709	
8	E支店	733	800	109%	648	88%		
9	F支店	205	250	122%	691	337%		
10	第3ブロック	938	1,050	112%	1,339	143%		
11	G支店	478	500	105%	575	120%	+75	
12	H支店	278	300	108%	269	97%	▲31	
13	第4ブロック	756	800	106%	844	112%	+44	
14	I支店	243	300	123%	377	155%	+77	
15	J支店	690	700	101%	643	93%	▲57	
16	第5ブロック	933	1000	107%	1020	109%	+20	
17	総合計	4,165	4,500	108%	5,834	140%	+1,334	
18								

Ctrl + A
すべて選択

Ctrl + Shift + [を押します。

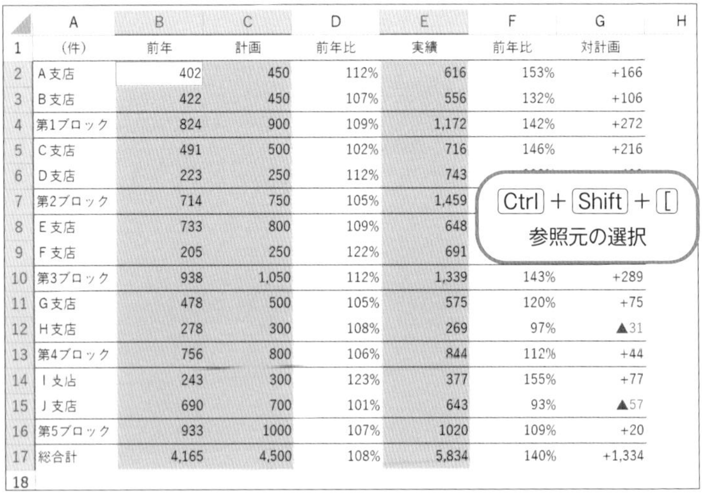

	A	B	C	D	E	F	G	H
1	（件）	前年	計画	前年比	実績	前年比	対計画	
2	A支店	402	450	112%	616	153%	+166	
3	B支店	422	450	107%	556	132%	+106	
4	第1ブロック	824	900	109%	1,172	142%	+272	
5	C支店	491	500	102%	716	146%	+216	
6	D支店	223	250	112%	743			
7	第2ブロック	714	750	105%	1,459			
8	E支店	733	800	109%	648			
9	F支店	205	250	122%	691			
10	第3ブロック	938	1,050	112%	1,339	143%	+289	
11	G支店	478	500	105%	575	120%	+75	
12	H支店	278	300	108%	269	97%	▲31	
13	第4ブロック	756	800	106%	844	112%	+44	
14	I支店	243	300	123%	377	155%	+77	
15	J支店	690	700	101%	643	93%	▲57	
16	第5ブロック	933	1000	107%	1020	109%	+20	
17	総合計	4,165	4,500	108%	5,834	140%	+1,334	
18								

Ctrl + Shift + [
参照元の選択

D列やF列、G列の「前年比」「対計画」に入力された数式が参照しているデータが選択されます。

続けてもう一度、Ctrl + Shift + [を押します。

	A	B	C	D	E	F	G	H
1	(件)	前年	計画	前年比	実績	前年比	対計画	
2	A支店	402	450	112%	616	153%	+166	
3	B支店	422	450	107%	556	132%	+106	
4	第1ブロック	824	900	109%	1,172	142%	+272	
5	C支店	491	500	102%	716	146%	+216	
6	D支店	223	250	112%	743	333%	+493	
7	第2ブロック	714	750	105%	1,459	[illegible]	[illegible]	
8	E支店	733	800	109%	648	[illegible]	[illegible]	
9	F支店	205	250	122%	691	[illegible]	[illegible]	
10	第3ブロック	938	1,050	112%	1,339	[illegible]	[illegible]	
11	G支店	478	500	105%	575	120%	+75	
12	H支店	278	300	108%	269	97%	▲31	
13	第4ブロック	756	800	106%	844	112%	+44	
14	I支店	243	300	123%	377	155%	+77	
15	J支店	690	700	101%	643	93%	▲57	
16	第5ブロック	933	1000	107%	1020	109%	+20	
17	総合計	4,165	4,500	108%	5,834	140%	+1,334	
18								

Ctrl + Shift + [
参照元の選択

今度は、17行目「総合計」の数式が参照している範囲が選択されます。

再度、Ctrl + Shift + [を押します。

	A	B	C	D	E	F	G	H
1	（件）	前年	計画	前年比	実績	前年比	対計画	
2	A支店	402	450	112%	616	153%	+166	
3	B支店	422	450	107%	556	132%	+106	
4	第1ブロック	824	900	109%	1,172	142%	+272	
5	C支店	491	500	102%	716	146%	+216	
6	D支店	223	250	112%	743	333%	+493	
7	第2ブロック	714	750	105%	1,459	204%	+709	
8	E支店	733	800	109%	648			
9	F支店	205	250	122%	691			
10	第3ブロック	938	1,050	112%	1,339			
11	G支店	478	500	105%	575	120%		
12	H支店	278	300	108%	269	97%	▲31	
13	第4ブロック	756	800	106%	844	112%	+44	
14	I支店	243	300	123%	377	155%	+77	
15	J支店	690	700	101%	643	93%	▲57	
16	第5ブロック	933	1000	107%	1020	109%	+20	
17	総合計	4,165	4,500	108%	5,834	140%	+1,334	
18								

Ctrl + Shift + [
参照元の選択

各「小計」の数式が参照する値のデータが選択されます。最後に Delete で削除します。

	A	B	C	D	E	F	G	H
1	（件）	前年	計画	前年比	実績	前年比		
2	A支店			0%			-	
3	B支店			0%			-	
4	第1ブロック	0	0	0%	0	0%	-	
5	C支店			0%		0%	-	
6	D支店			0%		0%	-	
7	第2ブロック	0	0	0%	0	0%	-	
8	E支店			0%		0%	-	
9	F支店			0%		0%	-	
10	第3ブロック	0	0	0%	0	0%	-	
11	G支店			0%		0%	-	
12	H支店			0%		0%	-	
13	第4ブロック	0	0	0%	0	0%	-	
14	I支店			0%		0%	-	
15	J支店			0%		0%	-	
16	第5ブロック	0	0	0%	0	0%	-	
17	総合計	0	0	0%	0	0%	-	
18								

Delete
削除

参照元のデータが値←小計←総合計など、数式と同一方向に並んでいれば Ctrl + [で実行できますが、前年比や対計画などデータの参照が二次元で往来している場合は Ctrl + Shift + [でないと参照元を辿ることができません。

また、セル参照の階層数が異なると、すべての値データを1発で選択できない場合もあります。表の構造にあわせて、前述のジャンプ機能と使い分けていきましょう。

指定のデータ「以外」を選択

Excelは、特定の条件に該当する文字列を置換したり、フィルターで指定した情報に絞り込んだりできます。

一方で、サンプルのように社内の基幹システムから抽出したデータにおいて、プレゼン資料用に掲載情報を整理していくケースがあったとします。

	A	B	C	D	E	F	G
1	出荷日	出荷先	納品日	数量	仕入単価	担当者	
2	2022/6/1	東京	2022/6/6	400	¥1,400	青山	
3	2022/6/3	東京	2022/6/8	550	¥1,290	赤井	
4	2022/6/7	大阪	2022/6/10	290	¥1,460	青山	
5	2022/6/8	東京	2022/6/13	300	¥1,290	青山	
6	2022/6/10	名古屋	2022/6/15	790	¥1,090	赤井	
7	2022/6/13	東京	2022/6/16	560	¥1,310	黒田	
8	2022/6/14	大阪	2022/6/17	530	¥1,160	青山	
9	2022/6/17	大阪	2022/6/22	510	¥1,290	黒田	
10	2022/6/20	東京	2022/6/23	250	¥1,490	黒田	
11	2022/6/21	東京	2022/6/24	680	¥1,350	青山	
12	2022/6/22	東京	2022/6/27	400	¥1,480	青山	

ここでは、F列「担当者」欄で「青山」に該当しないデータをまとめて削除していきます。

こうした、“条件に当てはまらない（＝指定した条件「以外」の）”データを一括選択する手法を知っておくと、データ加工の幅が格段に広がります。

- 指定のデータ以外を削除する

Ctrl ＋ Shift ＋ ↓ で対象のデータ範囲を選択します。このとき、見出しは含まないようにしましょう。

また、残したいデータ（今回の場合は「青山」）が先頭にない場合は、Enter や Tab を使っていずれかの「青山」をアクティブにしましょう。

※ Tab は通常、カーソルが右に進みますが、縦方向1列のみ選択している場合は下へ進みます。

D	E	F	G
数量	仕入単価	担当者	
400	¥1,400	青山	
550	¥1,290	赤井	
290	¥1,460	青山	
300	¥1,290	青山	
790	¥1,090	赤井	
560	¥1,310	黒田	
530	¥1,160	青山	
510	¥1,290	黒田	
250	¥1,490	黒田	
680	¥1,350	青山	
400	¥1,480	青山	
880	¥1,250	青山	
510	¥1,100	赤井	
560	¥1,070	黒田	

Ctrl ＋ Shift ＋ ↓
下端まで選択

Ctrl ＋ Shift ＋ ¥ を押すと、アクティブした「青山」以外のデータが一括選択されます。続けて、Ctrl ＋ − （マイナス）で削除のメニューを開きます。

Ctrl + Shift + ¥
アクティブ列との相違

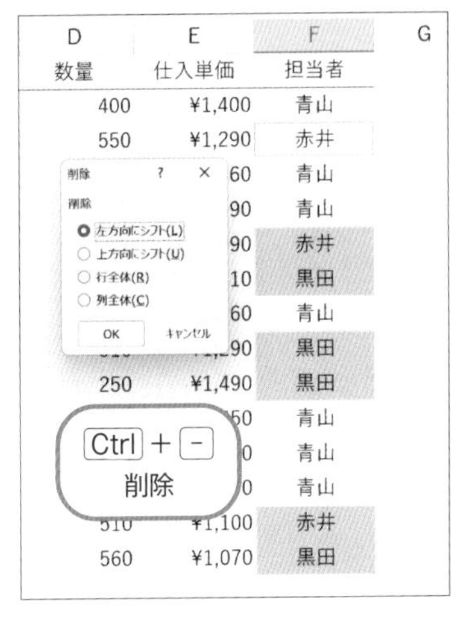

方向キーまたはアルファベットのRで「行全体」を指定しEnterで実行します。これで、「青山」以外のデータをまとめて削除できます。

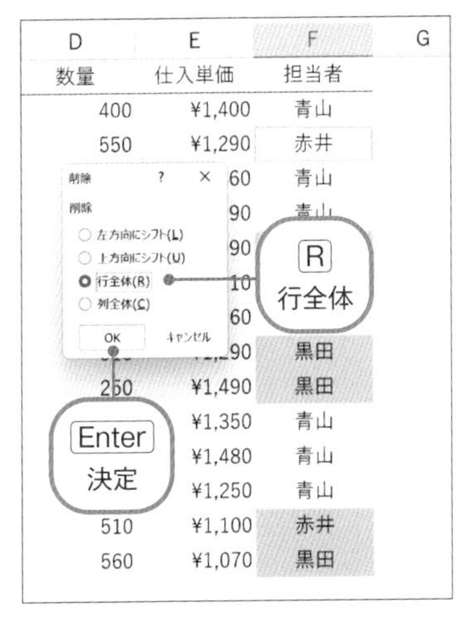

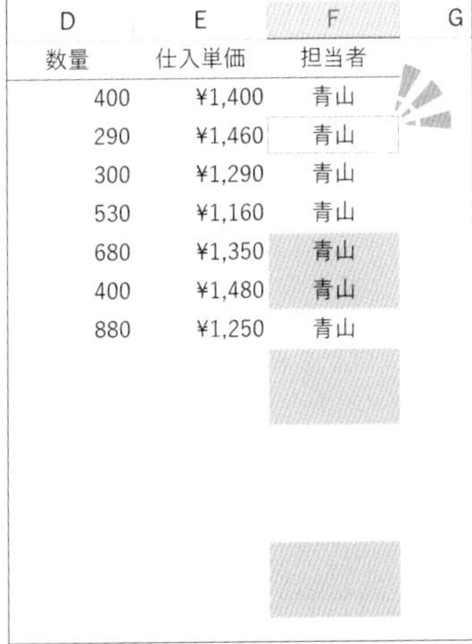

※ Ctrl ＋ Shift ＋ ¥ を順に押していくと、選択対象のデータを段階的に絞っていくことができます。ぜひ試してみてくださいね！

・指定のデータ以外を編集する

次に、B列「出荷先」欄で「東京」に該当しないデータをまとめて「東京以外」に書き換えてみます。

Ctrl ＋ Shift ＋ ↓ で指定のデータ範囲を選択し、Ctrl ＋ Shift ＋ ¥ でアクティブセル以外のデータを選択するところまでは同じです。

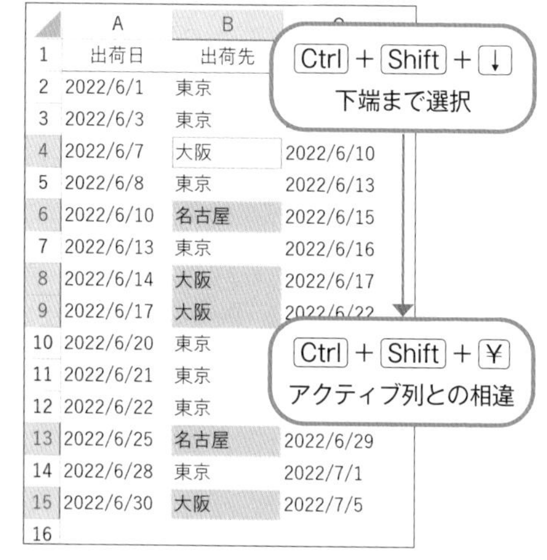

	A	B	C
1	出荷日	出荷先	
2	2022/6/1	東京	
3	2022/6/3	東京	
4	2022/6/7	大阪	2022/6/10
5	2022/6/8	東京	2022/6/13
6	2022/6/10	名古屋	2022/6/15
7	2022/6/13	東京	2022/6/16
8	2022/6/14	大阪	2022/6/17
9	2022/6/17	大阪	2022/6/22
10	2022/6/20	東京	
11	2022/6/21	東京	
12	2022/6/22	東京	
13	2022/6/25	名古屋	2022/6/29
14	2022/6/28	東京	2022/7/1
15	2022/6/30	大阪	2022/7/5
16			

「東京以外」と入力して Ctrl ＋ Enter を押します。これにより、「東京」以外のデータをまとめて「東京以外」に変換できます。

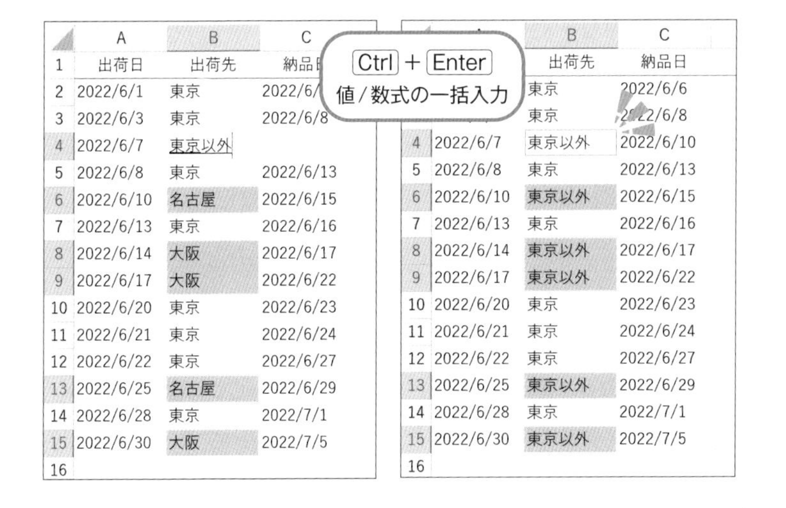

Ctrl + Shift + ¥ は、「ジャンプ」→「選択オプション」にある「アクティブ列との相違」に割り当てられたショートカットキーです。

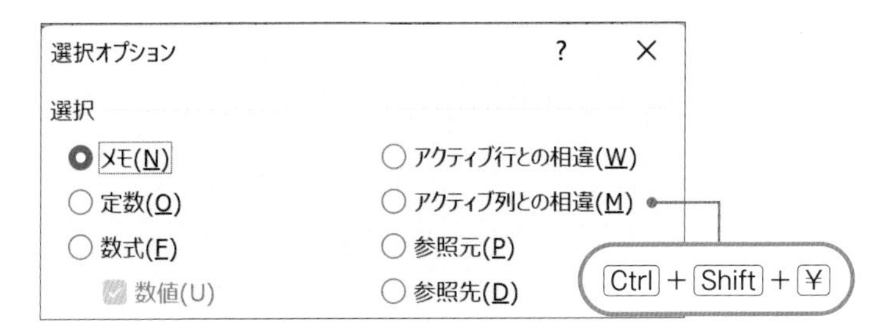

これまで見てきたように、選択範囲内にあるアクティブセルと異なるデータが入力されたセルを「縦」方向に検索して一括選択してくれます。

ちなみに、選択範囲内でアクティブセルと異なるデータが入力されたセルを「横」方向に検索して一括選択する「アクティブ行との相違」には、Ctrl + ¥ が割り当てられています。

3 指の稼働域を最小化する

本書の冒頭に、パソコン作業高速化の第一歩となるホームポジションに触れました。一般的に知られている文字入力に適したホームポジションに対して、パソコンの場合は左右の手をキーボードの両端に配置するポジションが理想ということでしたね。本書や業務での実践を通してショートカットキーに慣れてきたら、徐々に腕や手首の動きを最小限に抑えるキー操作を意識していきましょう。

手の稼働範囲を可能な限り少なくすることで、日々の作業を負荷なく、より効率的に進めていただけます。このレッスンで学ぶさらなる効率化のポイントは「操作するキー数を減らすこと」と「キーを押しやすくすること」の2つです。

いくつかのサンプルを例に、見ていきましょう。

操作するキー数を減らす

・値貼り付け

データをコピーして値として貼り付けようとしたときに、ショートカットキーの場合は Ctrl + Alt + V で［形式を選択して貼り付け］ダイアログボックスを開き、V で［値］を選択して Enter で実行します。

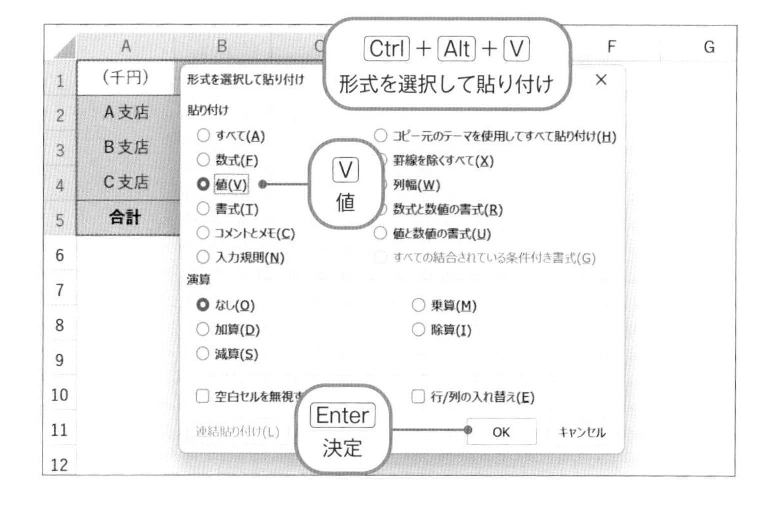

使用するキー数は5つです。

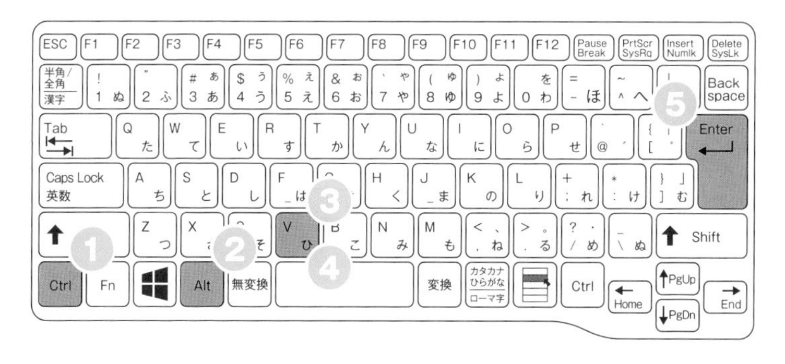

対してアクセスキーの場合は、Alt → H → V → V となります。キーを押す回数は4回ですが、最後に同じアルファベットを連打するので体感的に3つで完了できます。

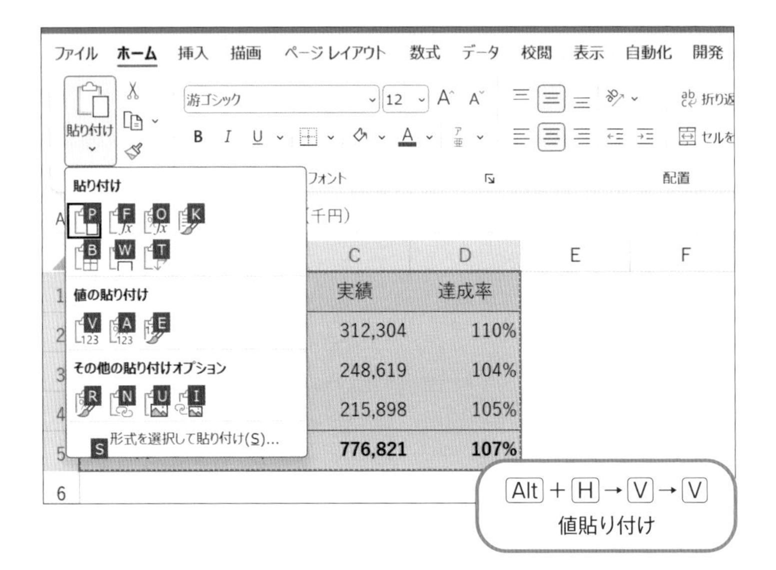

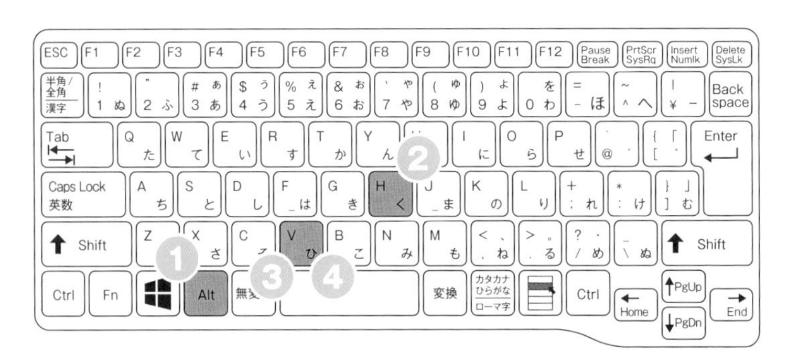

さらに、次のレッスンで詳しく解説する［クイックアクセスツールバー］に値貼り付けを登録しておけば、Alt + 1、Alt + 2 のような Alt と数字の組み合わせだけで実行できます。

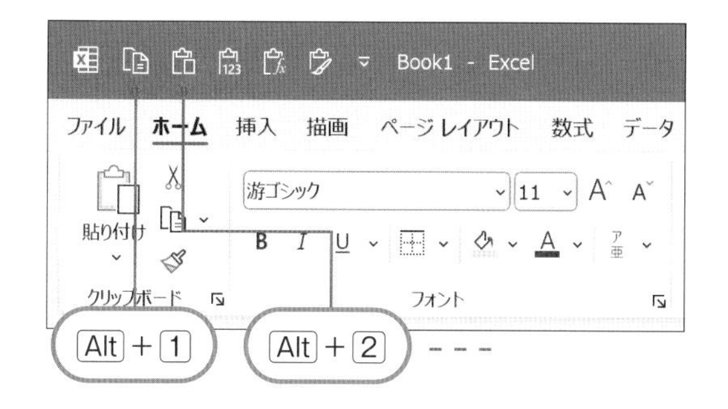

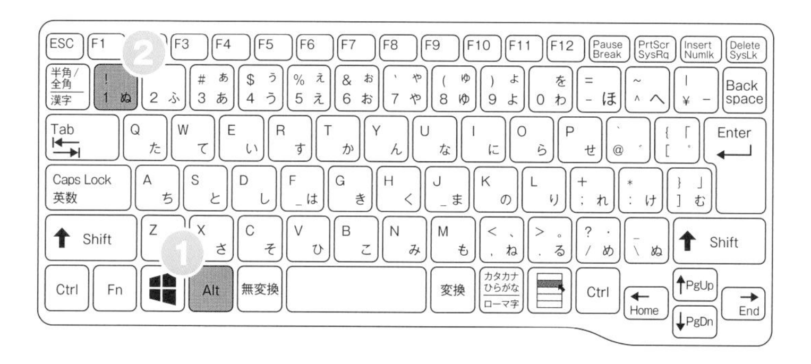

・行・列の挿入

新たに行や列を追加する場合も、「Shift + Space（行選択）→ Ctrl + Shift + ;（挿入）」、「Ctrl + Space（列選択）→ Ctrl + Shift + ;（挿入）」より、Alt → I → R、Alt → I → C の方があらかじめ行や列を選択する必要もなくシンプルです。

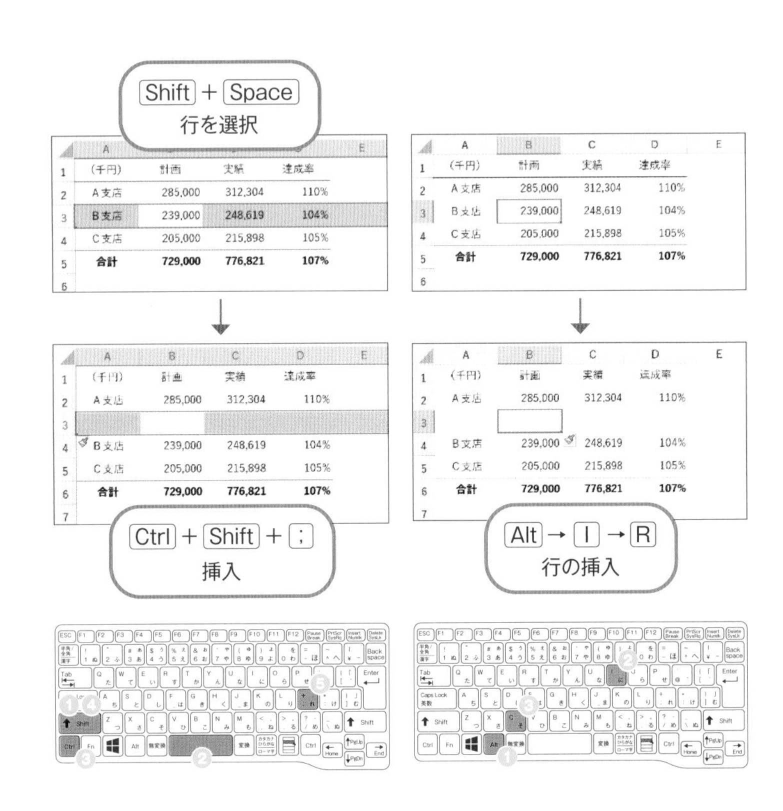

・グラフの挿入

グラフを挿入するときは、Ctrl + A で表を選択して Alt → N → C → 1 → Enter という手順を踏むのではなく、表のどこかにカーソルを置いて Alt + F1 と押すだけでサクッと処理できます。

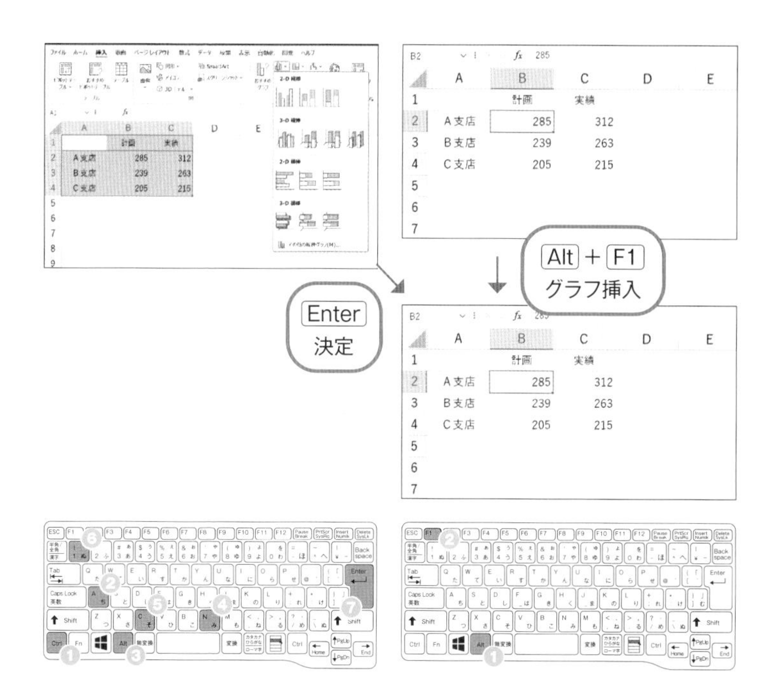

このように、ゴールは同じでもそのゴールにたどり着くまでのステップを極限まで短縮させる手段として、使うキー数自体の最小化が有効です。

Excelもブラウザやメールの操作と同様に、同じコマンドを呼び出すキーセットが複数存在するため、ショートカットキーのレパートリーを増やすことは自ずと高速操作の選択肢を増やすことにつながります。「このコマンドにはこのキーしかない」と決めつけずに、あくなき探究心でキー操作の引き出しを増強し続けていきましょう。

キーを押しやすくする

使うキー数を減らすことは効率化の基本ですが、キーの押しやすさにこだわることで、キー数が増えてもラクに操作できる例外もあります。たとえば次のようなものが挙げられます。

・ジャンプ

ジャンプを呼び出すには、Ctrl + G もしくは F5 を使います。一見すると F5 キーの方がキー数1つで済みラクな印象ですが、ファンクションキーは手元から見て遠いですよね。

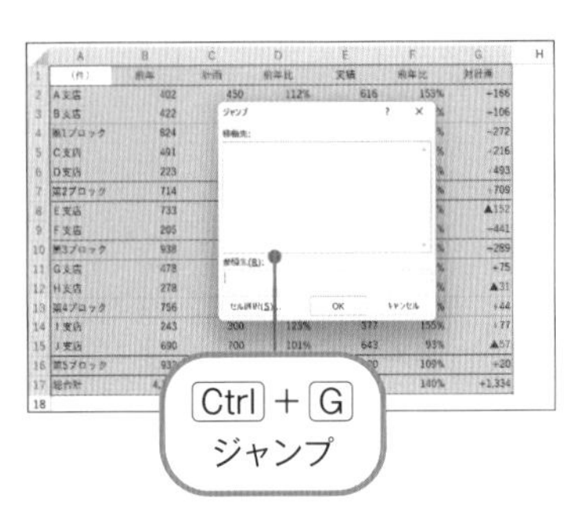

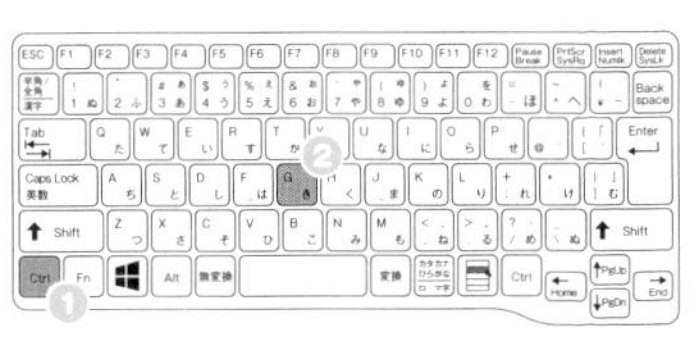

ノートパソコンのように F1 から F12 まで間髪入れず横一列に並んでいるキー配置であればなおさら、その中から F5 をピンポイントで素早く押すのはハードルが高いです。

そもそもこのジャンプ機能は、指定の範囲内で条件に合致したデータを一括選択するという役割から、Ctrl + Shift +方向キーや Ctrl + A、Ctrl + Space のように、Ctrl を含むショートカットキーを使ってから呼び出すことがほとんどです。

そのため、わざわざそこからF5キーに手を伸ばすより、左手は

Ctrl に添えたまま、G を押すだけという方が効率的です。

・コマンドの繰り返し

これは他のファンクションキーでも同じことが言えます。

たとえば特定のコマンドを繰り返し実行する F4 については、一度設定した書式を別の場所にも適用したいときによく使います。

同じコマンドを繰り返すときは大抵、Ctrl や Shift に方向キーや Space を組み合わせて、該当の箇所へ移動したり、範囲選択したりしてから実行します。

前工程の操作がキーボードの下半分に集中しているため、F4 に手を伸ばすより、Alt + Enter で処理してしまった方が、キー面積も広く、日頃から使い慣れているEnterキーで完了できるので押しやすいのです。

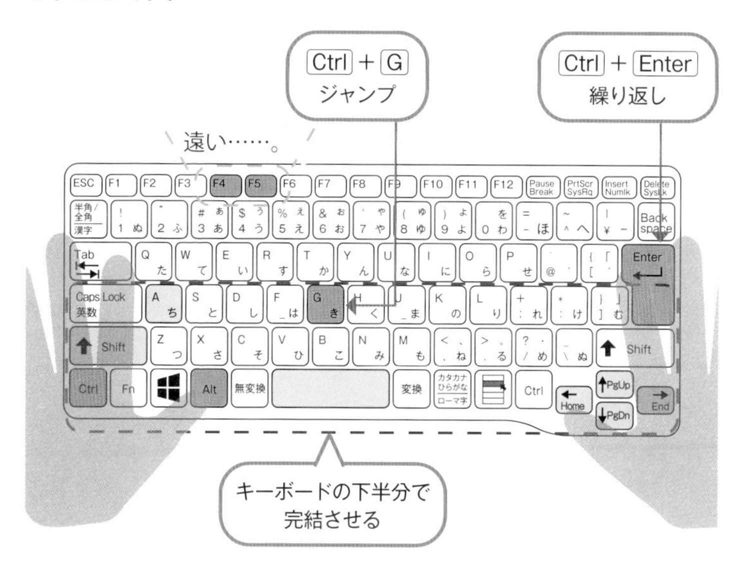

・シートの挿入

シートの挿入（[Shift]＋[F11]）も、日ごろ押し慣れていない[F11]を探すのに時間がかかってしまう場合、[Alt]→[I]→[W]で代用しましょう。

さらに、組み合わせるキーが近くにありすぎて、逆に片方の手が窮屈になってしまう操作は、あえて両手に分散させることをおすすめします。

たとえば直前の動作を元に戻す[Ctrl]＋[Z]や、上書き保存する[Ctrl]＋[S]は、とっさに左手だけで押そうとすると変な力が入って少し押しにくいですよね。

[Ctrl]＋[Z]には、同じ役割を持つ[Alt]＋[Backspace]というショートカットキーがありますが、すべてのショートカットで代用できる他のキーセットがあるわけではありません。

こんなときは、右側に配置されている装飾キーを使うクセをつけておくと、より選択肢の幅が広がります。

「装飾キーは左側のものを使う」という一般的な基本動作に慣れ

てきたら、お使いのキーボードとよく使うコマンドに合わせて徐々に右側の装飾キーを活用することも意識していきましょう。

4 クイックアクセスをフル活用したコピペ

Excel仕事で使用頻度の高いキー操作は、数秒の積み重ねが、1ヶ月、1年と経過した時に大きな差になって現れてきますので、時間をかけてでも身につけておきたいものです。

しかし、本書で紹介してきたすべてのショートカットキーを使いこなせるようになるには相応の時間がかかりますし、例えマスターできても、アクセスキーのように4つや5つとキー数が多い操作については、なかなか効率化できている実感が湧かないかと思います。

ここでは、よく使う機能をお好みで登録しておいて、最も少ないキー数で実行する方法を学習していきましょう。登録するコマンドはご自身で自由に選ぶことができますので、個々人の業務にあったカスタマイズが可能です。

クイックアクセスツールバーへの登録

初期設定で［自動保存］［上書き保存］［元に戻す］［やり直し］のアイコンが表示されている、タイトルバーの左側の領域のことを「クイックアクセスツールバー」と言います。

クイックアクセスツールバーに登録する機能は自由に変更でき、登録した順に左からアイコンが並びます。

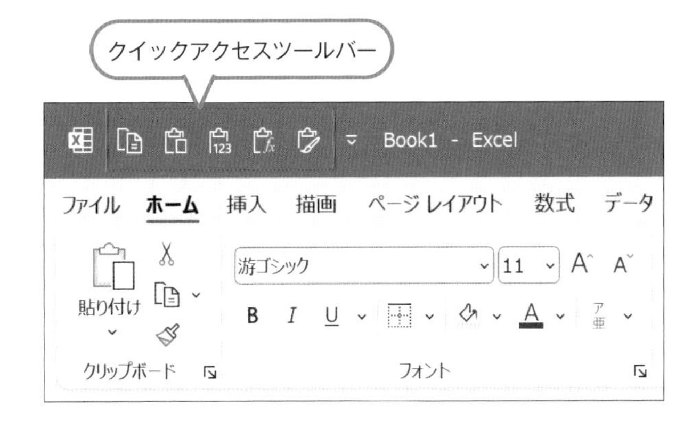

まずはクイックアクセスツールバーに機能を登録する手順を大きく2パターン見ていきましょう。

・リボンから登録

1. 登録したいコマンドのアイコンにマウスカーソルを合わせて右クリックします。
2. [クイックアクセスツールバーに追加] を選択します。

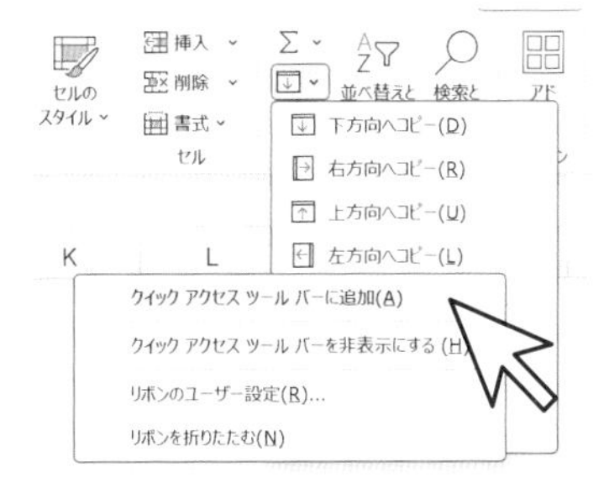

クイックアクセスツールバーにコマンドが登録されます。

リボンにデフォルトでアイコンが表示されているコマンドについては、この手順が最も簡単です。

・オプションから登録

1.クイックアクセスツールバーの右端にある下向き三角マークを選択します。

2.[その他のコマンド] を選択します。

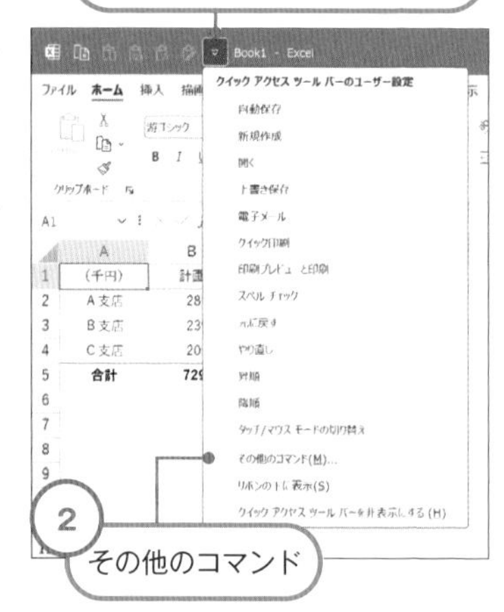

[Excelのオプション] ダイアログボックスが開き、クイックアクセスツールバーの設定メニューが表示されます。

※ [Excelのオプション] ダイアログボックスには Alt → F → T でもアクセスできます。

3.左の一覧から登録したいコマンドを探します。

[コマンドの選択] リストの [基本的なコマンド] を [すべてのコマンド] に変更すると、Excelに実装されているコマンドがすべて表示されます。

4.指定のコマンドを選択します。

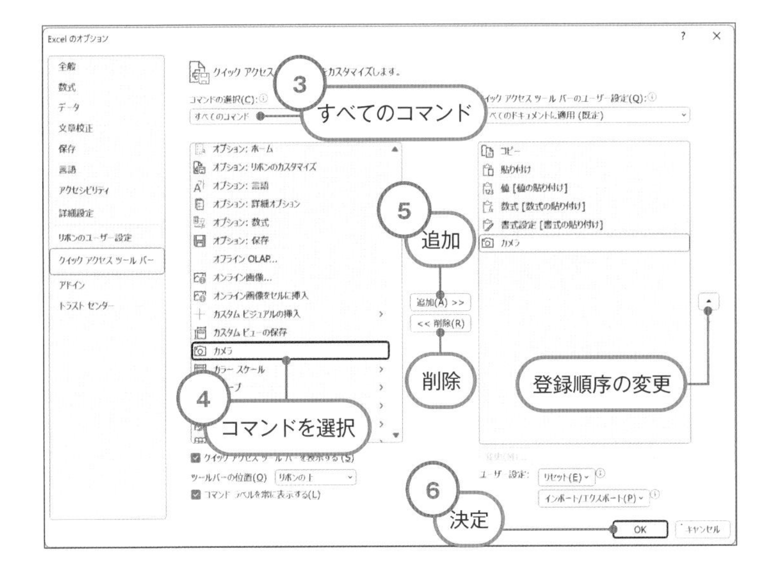

5.［追加］を押します。

右側にコマンドが追加されます。ここに登録した順に、クイックアクセスツールバーの左から並びます。順序を入れ替えたい場合は、指定のコマンドを選択した状態で上下の三角マークを操作します。

6.設定が完了したらEnterで決定します。

これにより、クイックアクセスツールバーに新しくコマンドが追加されます。リボンに見当たらないコマンドを登録するときは、この手順を試してみましょう。

なお登録を解除するときは、アイコンにマウスカーソルを合わせて右クリックし、［クイックツールバーから削除］を選択します。

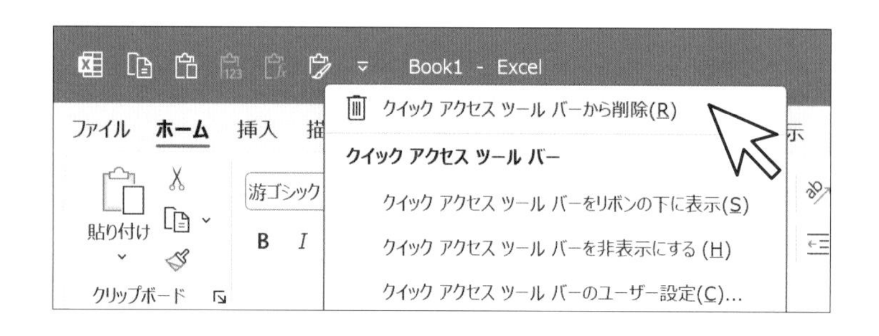

登録したコマンドの実行

クイックアクセスツールバーに登録したコマンドは、左から順に、Alt ＋ 1、Alt ＋ 2、……だけで実行できます。

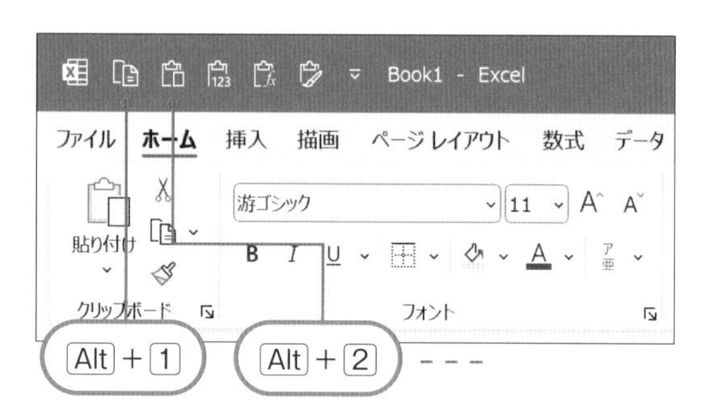

サンプルの場合、たとえば左から３番目にある［値貼り付け］を実行するときは、データをコピーしたあとに Alt ＋ 3 と押します。

※アクセスキーは本来、Alt → H → O → I（列幅の自動調整）、Alt → W → F → F（ウィンドウ枠の固定）のように「順番押し」をしますが、クイックアクセスの場合はキーが２つしかないため「同時押し」でOKです。

どんなコマンドも２つのキーだけで実行できるので、使用頻度が高くキー数が多いコマンド、リボンにアイコンが表示されていないコマンドなどを登録してみましょう。

クイックアクセスをフル活用したコピペ

クイックアクセスツールバーに触れたところで、コピーと貼り付けのコマンドをいくつか登録してみます。

サンプルは左から① [コピー]、② [貼り付け]、③ [値の貼り付け]、④ [数式の貼り付け]、⑤[書式の貼り付け]の順に登録しています。

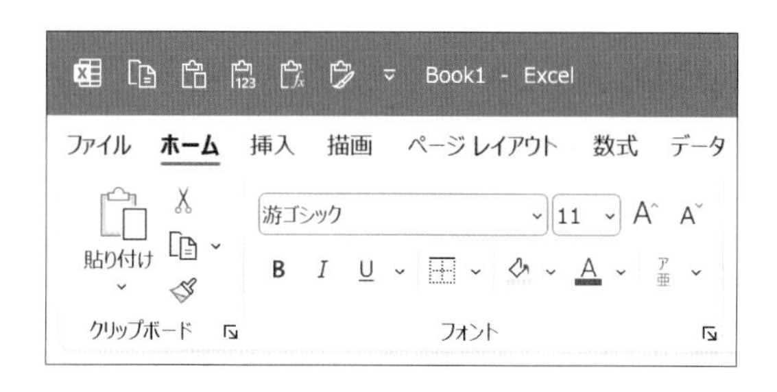

1. データのコピー元のブックと貼り付け先のブックが開かれている状態で、Alt → W → A → Enter と順に押します。

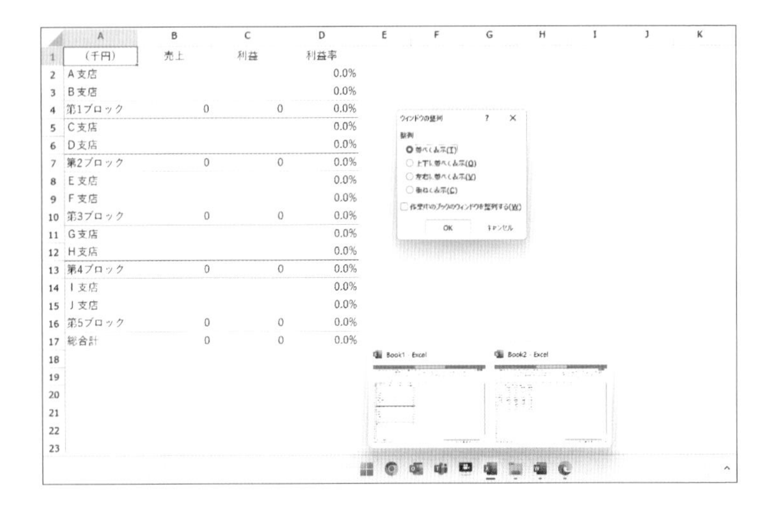

	A	B	C	D
1	（千円）	売上	利益	利益率
2	A支店			0.0%
3	B支店			0.0%
4	第1ブロック	0	0	0.0%
5	C支店			0.0%
6	D支店			0.0%
7	第2ブロック	0	0	0.0%
8	E支店			0.0%
9	F支店			0.0%
10	第3ブロック	0	0	0.0%
11	G支店			0.0%
12	H支店			0.0%
13	第4ブロック	0	0	0.0%
14	I支店			0.0%
15	J支店			0.0%
16	第5ブロック	0	0	0.0%
17	総合計	0	0	0.0%

２つのブックが左右に並びます。今回は、右のマスターデータから左の管理表に実績値を転記していきます。

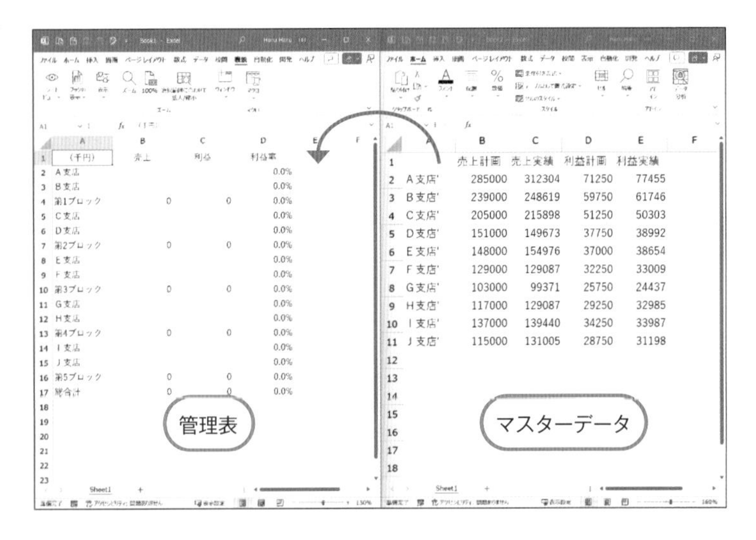

	A	B	C	D
1	（千円）	売上	利益	利益率
2	A支店			0.0%
3	B支店			0.0%
4	第1ブロック	0	0	0.0%
5	C支店			0.0%
6	D支店			0.0%
7	第2ブロック	0	0	0.0%
8	E支店			0.0%
9	F支店			0.0%
10	第3ブロック	0	0	0.0%
11	G支店			0.0%
12	H支店			0.0%
13	第4ブロック	0	0	0.0%
14	I支店			0.0%
15	J支店			0.0%
16	第5ブロック	0	0	0.0%
17	総合計	0	0	0.0%

	A	B	C	D	E
1		売上計画	売上実績	利益計画	利益実績
2	A支店'	285000	312304	71250	77455
3	B支店'	239000	248619	59750	61746
4	C支店'	205000	215898	51250	50303
5	D支店'	151000	149673	37750	38992
6	E支店'	148000	154976	37000	38654
7	F支店'	129000	129087	32250	33009
8	G支店'	103000	99371	25750	24437
9	H支店'	117000	129087	29250	32985
10	I支店'	137000	139440	34250	33987
11	J支店'	115000	131005	28750	31198

2. Alt + Tab でマスターデータのブックをアクティブにします。

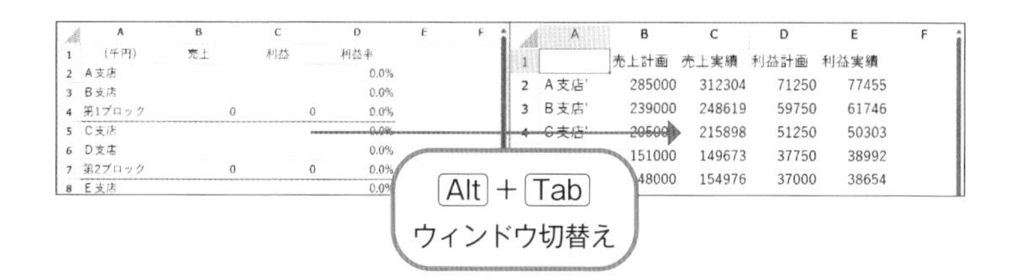

3.転記するデータ範囲を選択します。このとき、キーボードの右側に配置されているShiftキーを使います。

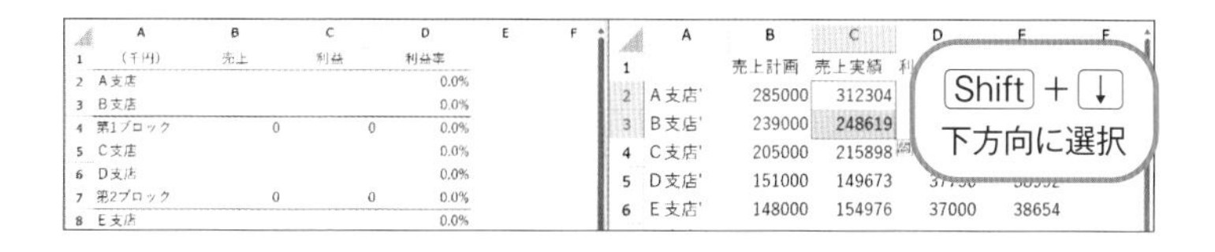

4. Alt + 1 でコピーします。

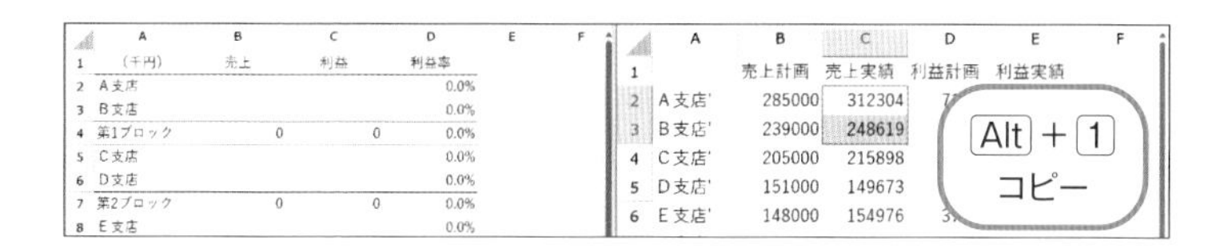

5. Alt + Tab で管理表のブックをアクティブにします。

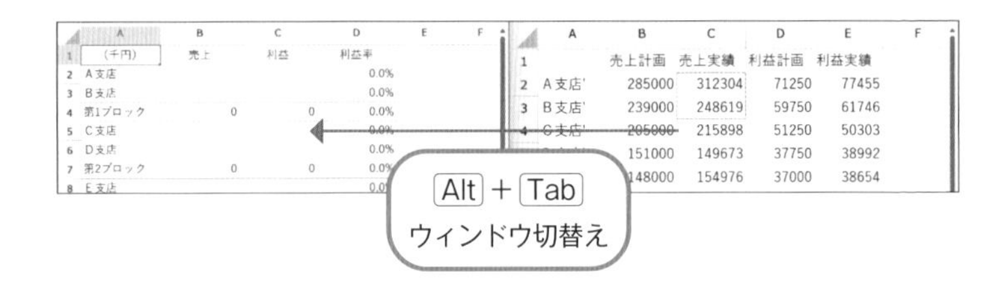

6.貼り付け先のセルにカーソルを合わせます。

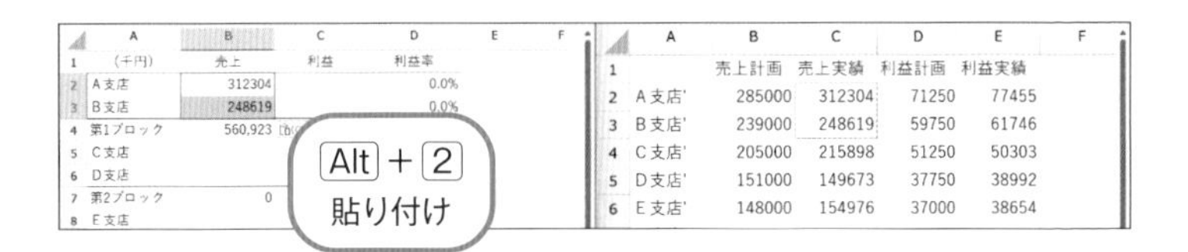

7. Alt + 2 でペーストします。

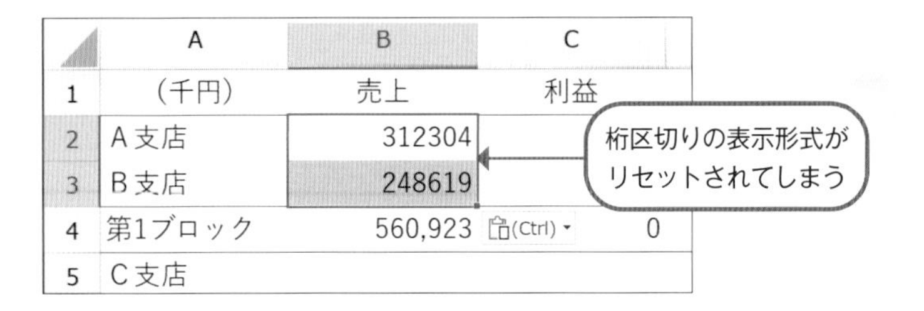

※ただし Alt + 2 ではすべてのデータを貼り付けるコマンドが実行されるため、マスターデータの書式もコピーされます。

	A	B	C
1	（千円）	売上	利益
2	A支店	312304	
3	B支店	248619	
4	第1ブロック	560,923	0
5	C支店		

桁区切りの表示形式がリセットされてしまう

8.書式を引き継ぎたくない場合は、Alt + 3 で値貼り付けします。

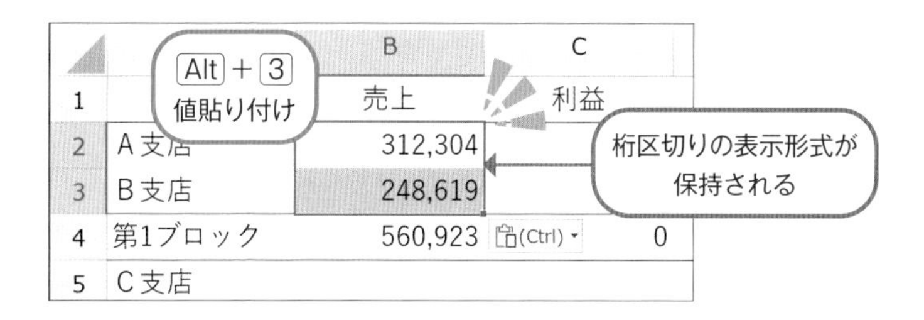

9.後はこれの繰り返しです。ウィンドウをマスターデータに切り替え、次のデータ範囲をコピーします。

	A	B	C	D	E	F
1	(千円)	売上	利益	利益率		
2	A支店	312,304		0.0%		
3	B支店	248,619		0.0%		
4	第1ブロック	560,923	0	0.0%		
5	C支店			0.0%		
6	D支店			0.0%		
7	第2ブロック	0	0	0.0%		
8	E支店			0.0%		

	A	B	C	D	E	F
1		売上計画	売上実績	利益計画	利益実績	
2	A支店'	285000	312304	71250	77455	
3	B支店'	239000	248619	59750	61746	
4	C支店'	205000	215898	51250	50303	
5	D支店'	151000	149673	37750	38992	
6	E支店'	148000	154976	37000	38654	

10. ウィンドウを管理表に切り替え、指定の場所へ貼り付けます。

	A	B	C	D	E	F
1	(千円)	売上	利益	利益率		
2	A支店	312,304	77,455	24.8%		
3	B支店	248,619	61,746	24.8%		
4	第1ブロック	560,923	139,201	(Ctrl) 24.8%		
5	C支店			0.0%		
6	D支店			0.0%		
7	第2ブロック	0	0	0.0%		
8	E支店			0.0%		

	A	B	C	D	E	F
1		売上計画	売上実績	利益計画	利益実績	
2	A支店'	285000	312304	71250	77455	
3	B支店'	239000	248619	59750	61746	
4	C支店'	205000	215898	51250	50303	
5	D支店'	151000	149673	37750	38992	
6	E支店'	148000	154976	37000	38654	

左手はコピペとウィンドウ切替、右手は移動と選択

一連の操作を振り返ってみましょう。

キーボード上で見ると、コピー＆ペーストとウィンドウ切替の動

作はすべて左手で終始し、セル移動や範囲選択の操作は右手で完結していることが確認できます。

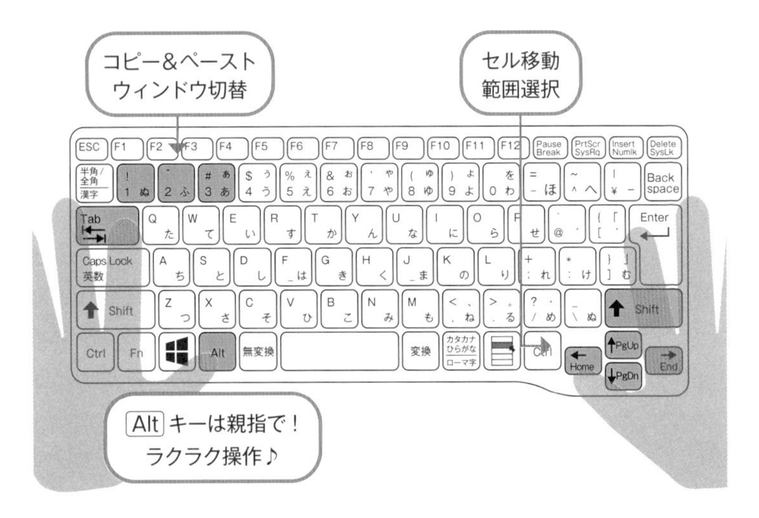

左手の親指を Alt に据え置けば、残る4指でその他のキーへ無理なくリーチすることが可能なのです。

Ctrl + C (コピー) → Ctrl + Tab (ウィンドウ切替) → Ctrl + V (貼り付け)…、といった手もありますが、各キーの距離が離れているため、どの指を基点(Ctrl)に置いても左手の負荷が大きくなってしまいます。

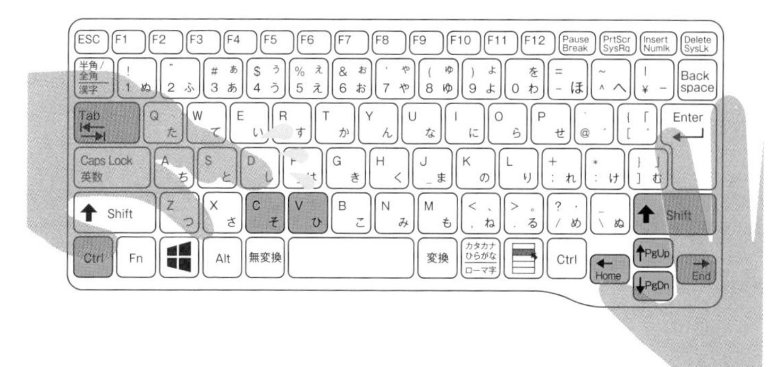

さらに、Ctrl + C や Ctrl + V だけでは「値」の貼り付けや「数式」の貼り付けといった応用が利きません。これは、⊞ + V で実行するクリップボードも同様です。

指先の稼働域が少なく、値や数式といった形式を選択した貼り付けも2つのキーだけで実行できるAltキー基点の動作がおすすめです。

5 装飾キーの意味と役割

Excel仕事にまつわるキー操作で必ずと言っていいほどついて回るキーが3つあります。それは、**Ctrlキー**と**Shiftキー**、そして**Altキー**です。ショートカットキーに慣れないうちは、どんなときにどのキーを組み合わせればいいのか、なかなか覚えられないですよね。

ここでは、いくつかのサンプルを交えてそれぞれのキーの意味と役割を学び、ショートカットキーの組み合わせ法則について理解を深めていきましょう。これまでのレッスンで一通りのキー操作を演習した今このエッセンスに触れることで、頭の中でバラバラに散らばっていたパズルのピースがつながります。

Ctrlキーの意味と役割

一般的にパソコンで最もキーボードを使うのは文字入力です。半角英数入力モードでaを押せば「a」、bを押せば「b」が入力され、かな入力モードでaだけを押せば「あ」となり、bとaを押せば「ば」となります。123はそのまま数字が反映されます。

一方で、**キーボード上に存在しているそれぞれのキーには、実は裏で用意されている機能があります**。それを呼び出してくれるのが**Ctrlキー**です。

Excelの場合、

- Ctrl + C ／ Ctrl + V のコピー&ペースト
- Ctrl + 1 （書式設定）や

Ctrl + G（ジャンプ）に代表されるメニューの呼び出し

- Ctrl +カーソルキーの端まで移動
- Ctrl + Enter の値や数式の一括入力

といったように、これらの機能は全部、各々のキーに存在している裏の顔なのです。

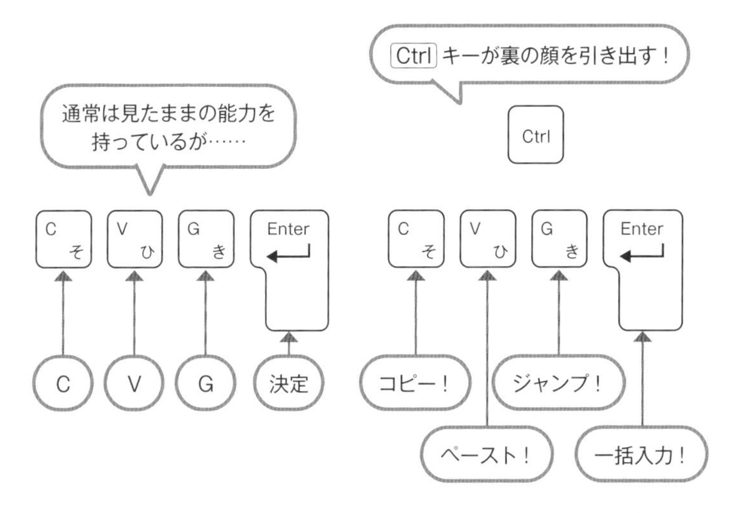

「control」の「制御する／統制する」という意味からして、マインド「コントロール」で強制的に裏の顔を引き出してしまうイメージを持っておけば覚えやすいですね！

Shiftキーの意味と役割

文字の入力において、Shiftを使うシーンを想像してみましょう。例えば、「()」(丸カッコ)や「+」(プラスマーク)、「=」(イコール)を入力するとき、そういえば無意識にShiftを同時に押していますよね。数字や「−」(マイナスマーク)を入力するときは押さないのに、なぜなのでしょうか?

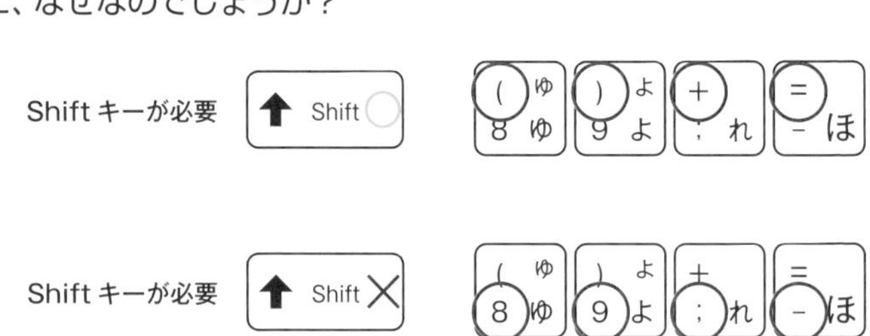

これには、それぞれのキーに書かれている文字や記号の配置と、Shiftの横についている上矢印マークが関係しています。

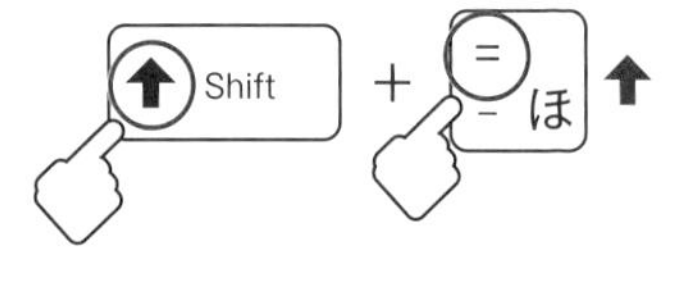

「shift」の「移す」や「位置を変える」という意味から、Shiftを押さなければキーに書かれている下の文字が入力されて、Shiftを同時に押すと、上の文字が入力されます。要は、**呼び出してくる文字、機能の位置が変わる**ということです。

実際にいくつかのExcelのショートカットキーをサンプルに見ていくと、たとえばCtrl+−の[削除]に対して、Ctrl++で[挿入]としたいところですが、+マークがキーの上に位置しているため、[挿入]のコマンドはCtrl+Shift+;となります。

また、値をパーセンテージ表記に変換するショートカットキーCtrl+Shift+5も、%マークがキーの上にあるためShiftを組み合わせる必要があります。

なるほど、Ctrl＋Shift＋4（記号付き通貨）にShiftキーがセットになっているのも納得ですね！

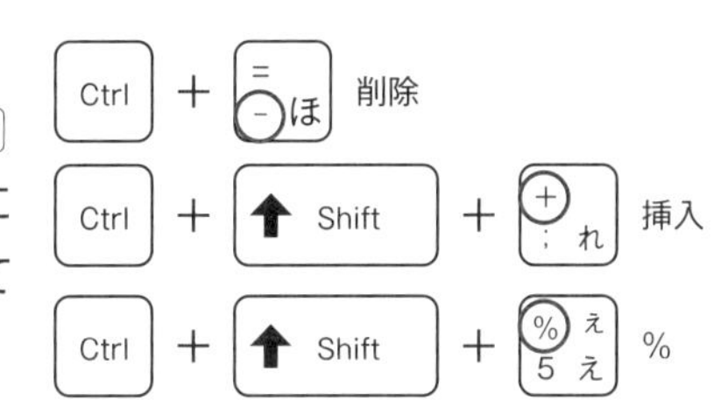

最後にもう1つ、ワークシート上のカーソル移動や呼び出したメニュー内の移動で使用するTabに触れておきましょう。

Tabだけを押せば左から右へ移動してきますが、Shiftを同時に押すと逆向きに移動します。［セルの書式設定］ダイアログボックスを呼び出し、メニューの中でTabを押すと基本的には上から下へ項目選択が進んでいきますが、Shiftを同時に押すとこれまた逆方向に移動していきます。

このTabには、よくみると双方向を示す矢印が上下に配置されています。考え方はこれまでと同じで、他に何も押さなければ下に書かれている**左から右（ないしは上から下）方向**にカーソルが進み、Shiftを押しながらであれば上に書かれている**右から左（ないしは下から上）方向**、要は逆方向にカーソルが進んでいくということなのです。

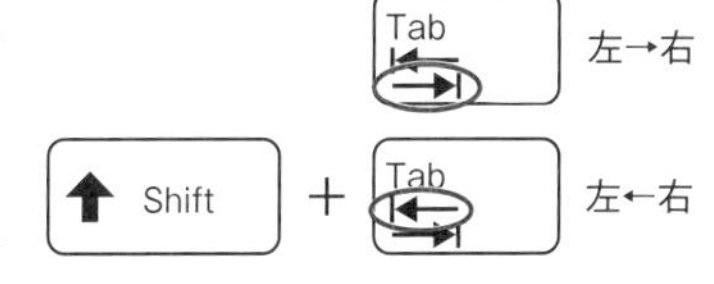

Altキーの意味と役割

Altは、「代わり／代替／交互」を意味する「alternate」からきています。果たして何の代わりになるのか、大きく3つのシーンをサンプルに見ていきましょう。

まずワークシート上でAltを押すと、リボンの各タブやクイックアクセスツールバーに割り当てられたアルファベットや数字が現れます。例えばここで［ホーム］タブに採番されているHを押すと、今度は［ホーム］タブに存在している各コマンドのアイコンにアルファベットや数字、それらが組み合わさったものが表示されます。

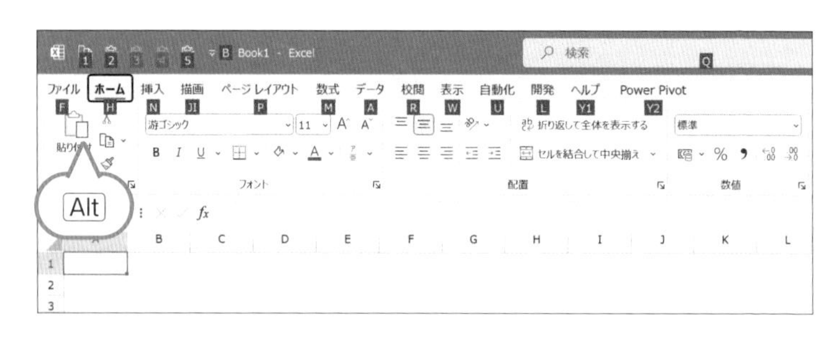

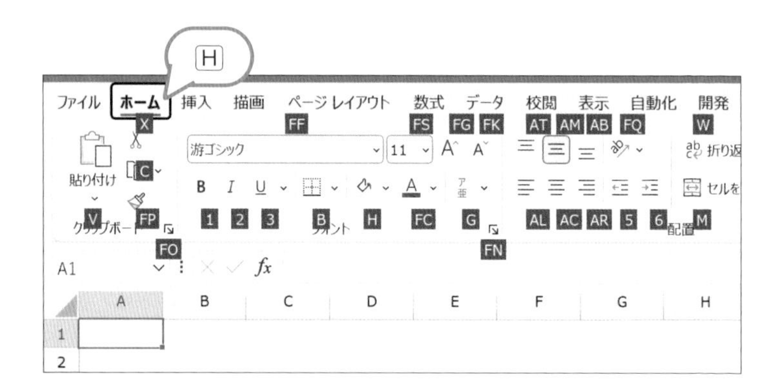

さてここで気になるのは、Ctrl＋CやCtrl＋Vのようなショートカットキーとの違いです。

キーボード上には無限にキーが配置されているわけではなく、本メソッドの冒頭で触れたCtrlで裏の顔が引き出せるキーの数自体に限りがあります。

コマンドが多くて Ctrl ＋●ではキーが足りない……

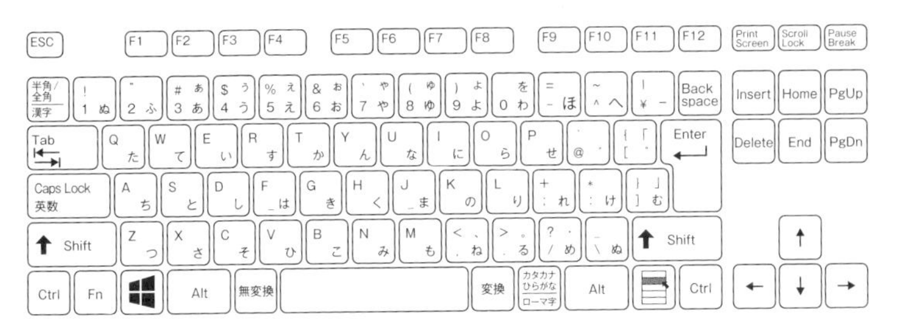

本来はすべてにおいて Ctrl ＋●で完結できればわかりやすいですが、キー数に上限があるため使用頻度が高い Ctrl ＋ C や Ctrl ＋ V のようなコマンドだけにショートカットキーが設定されているのです。

その代わりに、Alt で表示されるキーを順に押していくことで、Excelに搭載されているすべてのコマンドにアプローチできます。これを**アクセスキー**といいます。

「すべてのコマンド」というだけあり、実はショートカットが割り当てられているコピー＆ペーストも、Alt → H → C（コピー）、Alt → H → V（貼り付け）で実行することも可能です。

次に、Ctrl ＋ 1 で［セルの書式設定］ダイアログボックスを表示します。こうしたダイアログボックスの各項目には下線の引かれたアルファベットが併記されていますよね。

普段、マウスカーソルを合わせてクリックで指定するところを、Alt と採番されたアルファベットを一緒に押すことで、指定の項目を直接選択できます。

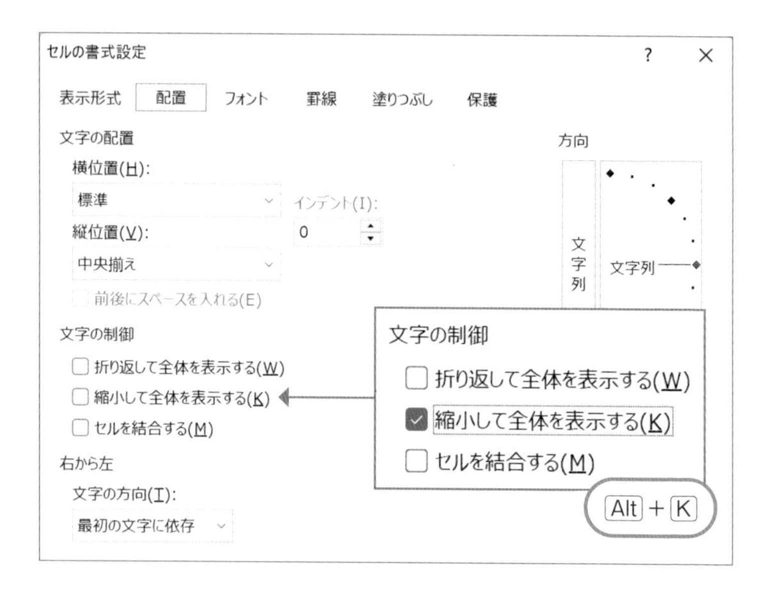

Tab で移動して、Space などによる選択も可能ですが、そこにカーソルが到達するまで Tab を押し続けるのはあまり効率的ではありません。

ここで Alt ＋アルファベットを同時に押せば、マウス操作やカーソル移動の代わりにダイアログボックス内の項目を選択したり、実行したりすることができるということです。

最後に Alt を押しながら、Tab を押してみましょう。本書で演習してきたように現在開かれているすべてのウィンドウが表示されます。

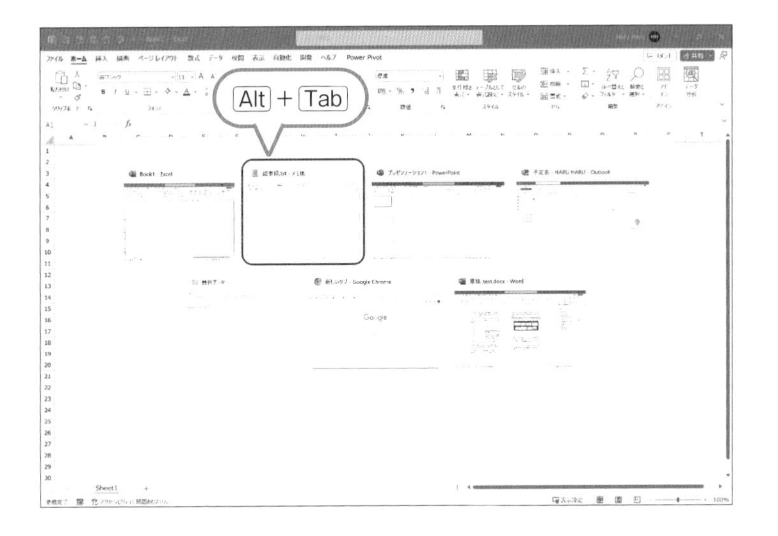

Alt を押しながら Tab もしくは方向キーを押すことでカーソルが移動していき、次に作業したいウィンドウで Alt から手を離すと、マウスを使わずに、作業画面を切り替えることができます。

以上のことから Alt は、Ctrl **でまかないきれないキー操作やマウス操作の「代わり」に、より広範囲のコマンド選択をサポートする**役割を持っているということをおさえておきましょう！

6 「マウス＝遅い」は大間違い

ショートカットキーに慣れてくると、いかなるシーンにおいても「キーボード操作＝最速」という極端な思考になりがちです。

たしかに、キーボードとマウスの往復に割くゼロコンマ数秒の積み重ねが気づいたときに大きな差になって表れてくるのは事実です。

しかし、Excel仕事には、マウスとキーボードを組み合わせた方が速く実行できるコマンドも多く存在します。そこでこのレッスンでは、マウスを使った便利な基本動作を演習していきます。

指の定位置はキーボードとしながらも、要所でマウスとの合わせ技を引き出すことで、業務効率は格段に向上します。キーボードに隣接してトラックパッドが搭載されているパソコンであれば、その一瞬の往復時間も削減できることでしょう。

また最近は、画面スクロールをトラックボールで操作したり、指定のショートカットキーをいくつか登録したりと、作業負荷を減らしてくれる多機能なマウスも市場に展開されています。

パソコン周辺のデバイスが日々進化している中、マウス操作も普段使いの選択肢に残しておくことをおすすめします

セル移動と範囲選択

アクティブセルの４辺（緑色の枠）いずれかをダブルクリックすると、その方向の端のデータにジャンプします。

	A	B	C	D	E	F
1	No.	氏名	ふりがな	社員番号	メールアドレス	
2	1	北川　拓馬	きたがわ　たくま	HA950807	Kitagawa.Takuma@haru.co.jp	
3	2	中野　美玲	なかの　みれい	HA758866	Nakano.Mirei@haru.co.jp	
4	3	小高　龍三	おだか　りゅうぞう	HA210885	Odaka.Ryuzo@haru.co.jp	
5	4	若山　真緒	わかやま　まお	HA794983	Wakayama.Mao@haru.co.jp	
6	5	竹中　正二郎	たけなか　しょうじろう	HA135785	Takenaka.Shojiro@haru.co.jp	
7	6	塩田　篤憲	しおた　あつのり	HA109272	Shiota.Atsunori@haru.co.jp	
8	7	矢沢　紗耶香	やざわ　さやか	HA367525	Yazawa.Sayaka@haru.co.jp	
9	8	郡司　啓子	ぐんじ　けいこ	HA724097	Gunji.Keiko@haru.co.jp	
10	9	橘　義雄	たちばな　よしお	HA564331	Tachibana.Yoshio@haru.co.jp	
11	10	百瀬　詠一	ももせ　えいいち	HA343257	Momose.Shoichi@haru.co.jp	
12	11	松島　理緒	まつしま　りお	HA313911	Matsushima.Rio@haru.co.jp	
13	12	菊田　正明	きくた　まさあき	HA762071	Kikuta.Masaaki@haru.co.jp	
14	13	村瀬　恵	むらせ　めぐみ	HA770285	Murase.Megumi@haru.co.jp	
15	14	杉田　美樹子	すぎた　みきこ	HA418274	Sugita.Mikiko@haru.co.jp	
16	15	千田　大和	せんだ　やまと	HA488553	Senda.Yamato@haru.co.jp	
17						

ここに Shift を加えると、端のデータまで一括選択されます。

データの移動

特定のセルや行・列（緑色の枠）をドラッグして Shift を押しながらドロップすると、そのデータを移動できます。

	A	B	C	D	E	F
1	No.	氏名	ふりがな	社員番号	メールアドレス	
2	1	北川　拓馬	きたがわ　たくま	HA950807	Kitagawa.Takuma@haru.co.jp	
3	2	中野　美玲	なかの　みれい	[illegible]8866	Nakano.Mirei@haru.co.jp	
4	3	[illegible]高　龍三	おだか　りゅうぞう	[illegible]885	Odaka.Ryuzo@haru.co.jp	
5	4	若山　真緒	わかやま[illegible]	[illegible]3	Wakayama.Mao@haru.co.jp	
6	5	竹中　正二郎	たけなか[illegible]	HA[illegible]5	Takenaka.Shojiro@haru.co.jp	
7	6	塩田　篤憲	しおた　あつのり	HA109272	Shiota.Atsunori@haru.co.jp	
8	7	矢沢　紗耶香	やざわ　さやか	HA367525	Yazawa.Sayaka@haru.co.jp	
9	8	郡司　啓子	ぐんじ　けいこ	HA724097	Gunji.Keiko@haru.co.jp	
10	9	橘　義雄	たちばな　よしお	HA564331	Tachibana.Yoshio@haru.co.jp	
11	10	百瀬　詠一	ももせ　えいいち	HA343257	Momose.Shoichi@haru.co.jp	
12	11	松島　理緒	まつしま　りお	HA313911	Matsushima.Rio@haru.co.jp	
13	12	菊田　正明	きくた　まさあき	HA762071	Kikuta.Masaaki@haru.co.jp	
14	13	村瀬　恵	むらせ　めぐみ	HA770285	Murase.Megumi@haru.co.jp	
15	14	杉田　美樹子	すぎた　みきこ	HA418274	Sugita.Mikiko@haru.co.jp	
16	15	千田　大和	せんだ　やまと	HA488553	Senda.Yamato@haru.co.jp	
17						

Shift

	A	B	C	D	E	F
1	No.	社員番号	氏名	ふりがな	メールアドレス	
2	1	HA950807	北川　拓馬	きたがわ　たくま	Kitagawa.Takuma@haru.co.jp	
3	2	HA758866	中野　美玲	なかの　みれい	Nakano.Mirei@haru.co.jp	
4	3	HA210885	小高　龍三	おだか　りゅうぞう	Odaka.Ryuzo@haru.co.jp	
5	4	HA794983	若山　真緒	わかやま　まお	Wakayama.Mao@haru.co.jp	
6	5	HA135785	竹中　正二郎	たけなか　しょうじろう	Takenaka.Shojiro@haru.co.jp	
7	6	HA109272	塩田　篤憲	しおた　あつのり	Shiota.Atsunori@haru.co.jp	
8	7	HA367525	矢沢　紗耶香	やざわ　さやか	Yazawa.Sayaka@haru.co.jp	
9	8	HA724097	郡司　啓子	ぐんじ　けいこ	Gunji.Keiko@haru.co.jp	
10	9	HA564331	橘　義雄	たちばな　よしお	Tachibana.Yoshio@haru.co.jp	
11	10	HA343257	百瀬　詠一	ももせ　えいいち	Momose.Shoichi@haru.co.jp	
12	11	HA313911	松島　理緒	まつしま　りお	Matsushima.Rio@haru.co.jp	
13	12	HA762071	菊田　正明	きくた　まさあき	Kikuta.Masaaki@haru.co.jp	
14	13	HA770285	村瀬　恵	むらせ　めぐみ	Murase.Megumi@haru.co.jp	
15	14	HA418274	杉田　美樹子	すぎた　みきこ	Sugita.Mikiko@haru.co.jp	
16	15	HA488553	千田　大和	せんだ　やまと	Senda.Yamato@haru.co.jp	
17						

　従来の、①行や列を選択し、② Ctrl ＋ X で切り取り、③方向キーで移動し、④ Ctrl ＋ Shift ＋ ; で挿入する、という手順よりも快適に行えます。

コピー(カット)&ペースト

対象範囲をドラッグ&ドロップするとカット&ペーストされ、Ctrl を押しながらドロップすると、コピー&ペーストされます。

カット&ペースト

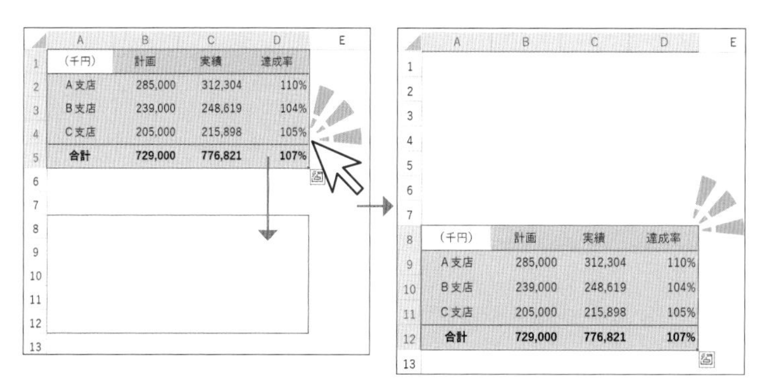

コピー&ペースト

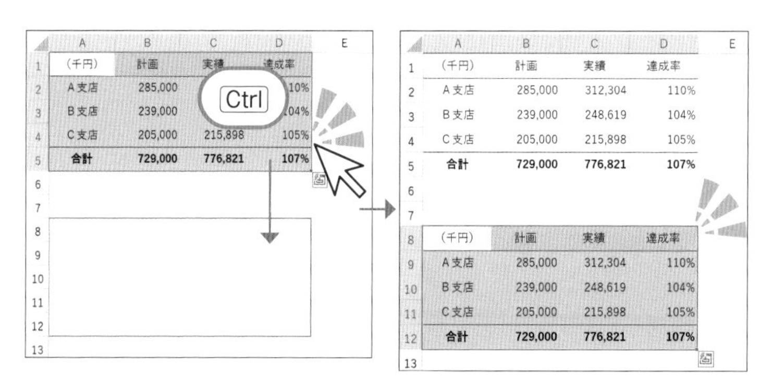

ここに Alt を加えながらシート見出しにマウスポインターを移すと、別のシートにも移動できます。

シートの移動・コピー

シート見出しをつかんでドラッグ＆ドロップすると、シート自体を移動できます。

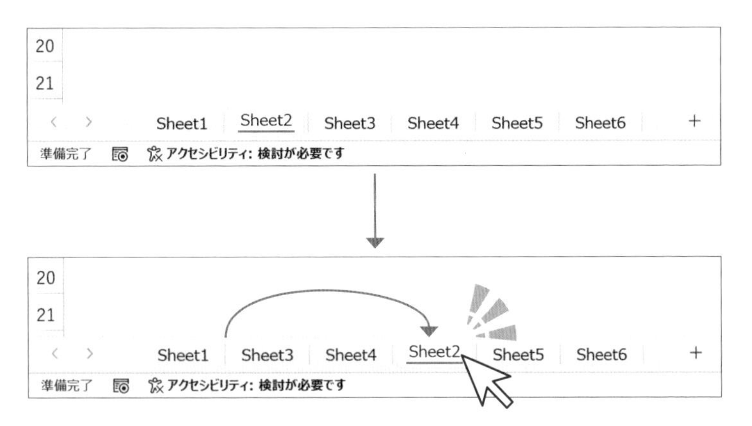

また、Ctrl を押しながらドロップすると、シートがコピーされます。

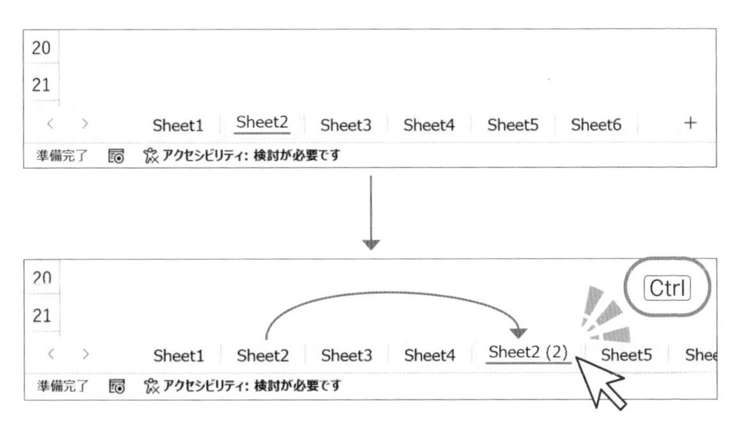

この操作は、ブック間でシートを移動したりコピーしたりするシーンでも有効です。

ちなみにシート操作に関連して、Ctrlを押しながらワークシート左下の"左右の三角マーク"をクリックすると、一気に端のシートまでスクロールできます。

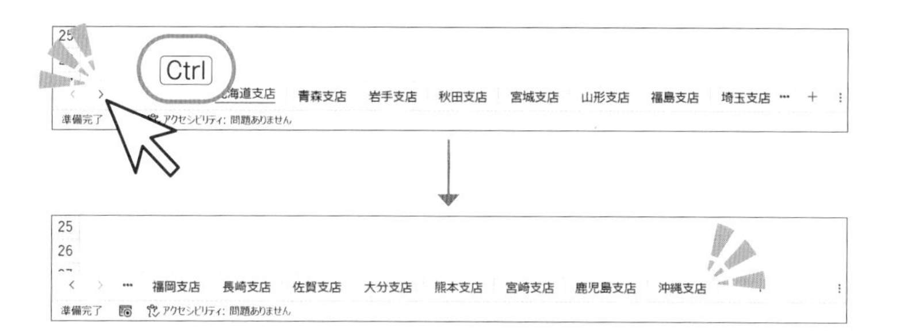

該当部分で右クリックすれば、お目当てのシートに一覧から飛べます。

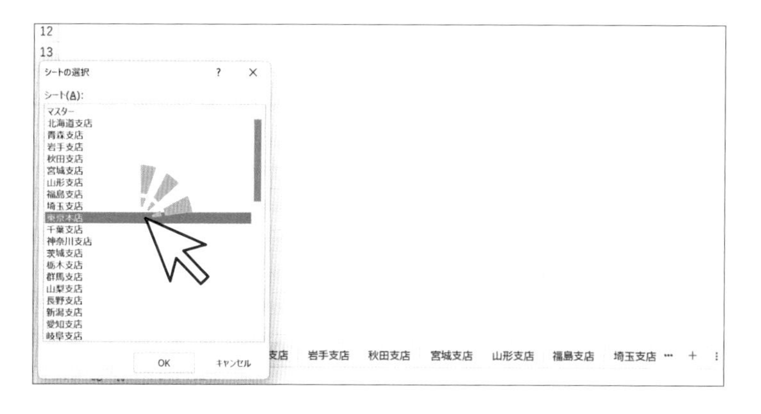

オートフィル

数値を一つだけ入力し、フィルハンドルをつかんで下へドラッグすると同じ値が繰り返し表示され、Ctrl を押しながら実行すると通し番号になります。

	A	B	C
1	No.	氏名	ふりがな
2	1	北川　拓馬	きたがわ　たくま
3		中野　美玲	なかの　みれい
4		小高　龍三	おだか　りゅうぞう
5		若山　真緒	わかやま　まお
6		竹中　正二郎	たけなか　しょうじろう
7		塩田　篤憲	しおた　あつのり
8		矢沢　紗耶香	やざわ　さやか
9		郡司　啓子	ぐんじ　けいこ
10		橘　義雄	たちばな　よしお
11		百瀬　詠一	ももせ　えいいち
12		松島　理緒	まつしま　りお
13		菊田　正明	きくた　まさあき
14		村瀬　恵	むらせ　めぐみ
15		杉田　美樹子	すぎた　みきこ
16		千田　大和	せんだ　やまと
17			

→

	A	B	C
1	No.	氏名	ふりがな
2	1	北川　拓馬	きたがわ　たくま
3	1	中野　美玲	なかの　みれい
4	1	小高　龍三	おだか　りゅうぞう
5	1	若山　真緒	わかやま　まお
6	1	竹中　正二郎	たけなか　しょうじろう
7	1	塩田　篤憲	しおた　あつのり
8	1	矢沢　紗耶香	やざわ　さやか
9	1	郡司　啓子	ぐんじ　けいこ
10	1	橘　義雄	たちばな　よしお
11	1	百瀬　詠一	ももせ　えいいち
12	1	松島　理緒	まつしま　りお
13	1	菊田　正明	きくた　まさあき
14	1	村瀬　恵	むらせ　めぐみ
15	1	杉田　美樹子	すぎた　みきこ
16	1	千田　大和	せんだ　やまと
17			

「1」「2」と入れてから同じ操作をすると、今度は Ctrl との組み合わせで繰り返し表示され、何も押さずに実行すると連番になります。

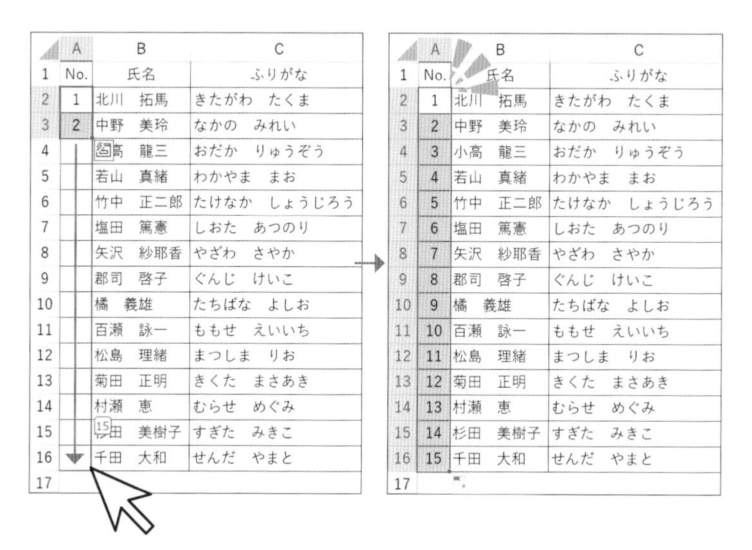

元の書式まで複製されたくない場合は、オートフィルオプションから「書式なしコピー」に切り替えます。

	A	B	C
1	No.	氏名	ふりがな
2	1	北川　拓馬	きたがわ　たくま
3	2	中野　美玲	なかの　みれい
4	3	小高　龍三	おだか　りゅうぞう
5	4	若山　真緒	わかやま　まお
6	5	竹中　正二郎	たけなか　しょうじろう
7	6	塩田　篤憲	しおた　あつのり
8	7	矢沢　紗耶香	やざわ　さやか
9	8	郡司　啓子	ぐんじ　けいこ
10	9	橘　義雄	たちばな　よしお
11	10	百瀬　詠一	ももせ　えいいち
12	11	松島　理緒	まつしま　りお
13	12	菊田　正明	きくた　まさあき
14	13	村瀬　恵	むらせ　めぐみ
15	14	杉田　美樹子	すぎた　みきこ
16	15	千田　大和	せんだ　やまと
17			
22			

- セルのコピー(C)
- 連続データ(S)
- 書式のみコピー（フィル）(F)
- 書式なしコピー（フィル）(O)
- フラッシュ フィル(F)

→

	A	B	C
1	No.	氏名	ふりがな
2	1	北川　拓馬	きたがわ　たくま
3	2	中野　美玲	なかの　みれい
4	3	小高　龍三	おだか　りゅうぞう
5	4	若山　真緒	わかやま　まお
6	5	竹中　正二郎	たけなか　しょうじろう
7	6	塩田　篤憲	しおた　あつのり
8	7	矢沢　紗耶香	やざわ　さやか
9	8	郡司　啓子	ぐんじ　けいこ
10	9	橘　義雄	たちばな　よしお
11	10	百瀬　詠一	ももせ　えいいち
12	11	松島　理緒	まつしま　りお
13	12	菊田　正明	きくた　まさあき
14	13	村瀬　恵	むらせ　めぐみ
15	14	杉田　美樹子	すぎた　みきこ
16	15	千田　大和	せんだ　やまと
17			
18			
19			
20			
21			
22			

なお、オートフィルがダブルクリックで機能するのは、隣接する列（同じアクティブセル領域）に途切れることなくデータが入っているところまでです。

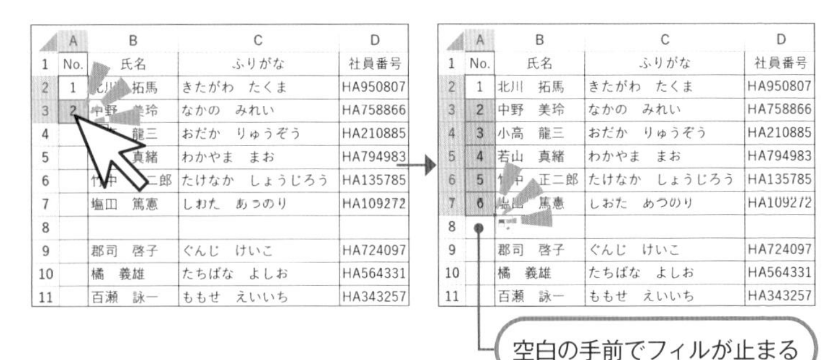

	A	B	C	D
1	No.	氏名	ふりがな	社員番号
2	1	北川　拓馬	きたがわ　たくま	HA950807
3	2	中野　美玲	なかの　みれい	HA758866
4		小高　龍三	おだか　りゅうぞう	HA210885
5		若山　真緒	わかやま　まお	HA794983
6		竹中　正二郎	たけなか　しょうじろう	HA135785
7		塩田　篤憲	しおた　あつのり	HA109272
8				
9		郡司　啓子	ぐんじ　けいこ	HA724097
10		橘　義雄	たちばな　よしお	HA564331
11		百瀬　詠一	ももせ　えいいち	HA343257

→

	A	B	C	D
1	No.	氏名	ふりがな	社員番号
2	1	北川　拓馬	きたがわ　たくま	HA950807
3	2	中野　美玲	なかの　みれい	HA758866
4	3	小高　龍三	おだか　りゅうぞう	HA210885
5	4	若山　真緒	わかやま　まお	HA794983
6	5	竹中　正二郎	たけなか　しょうじろう	HA135785
7	6	塩田　篤憲	しおた　あつのり	HA109272
8				
9		郡司　啓子	ぐんじ　けいこ	HA724097
10		橘　義雄	たちばな　よしお	HA564331
11		百瀬　詠一	ももせ　えいいち	HA343257

さらに Shift を押しながらフィルハンドルを操作すると、その方向に新たな空白範囲が挿入されます。

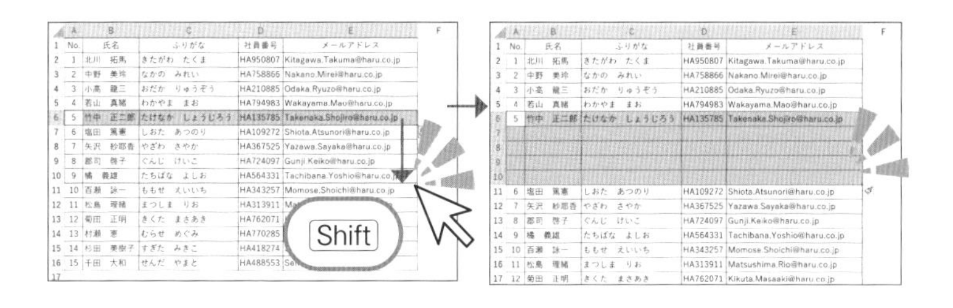

Shift を押しながら戻ると、空白範囲は削除されます。

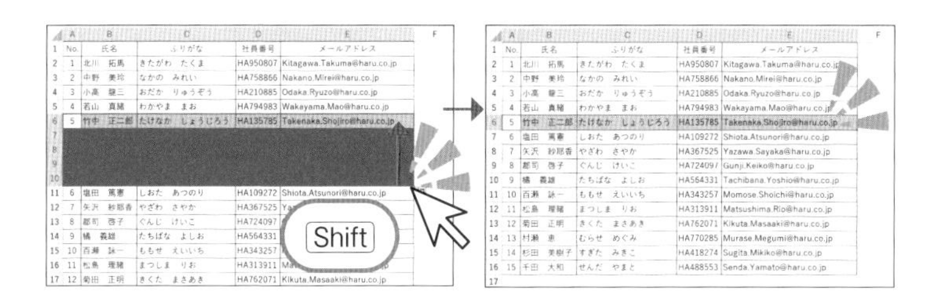

ワークシート全体の選択

ワークシート全体を選択するときは、行見出しと列見出しが交差する角の部分をクリックします。

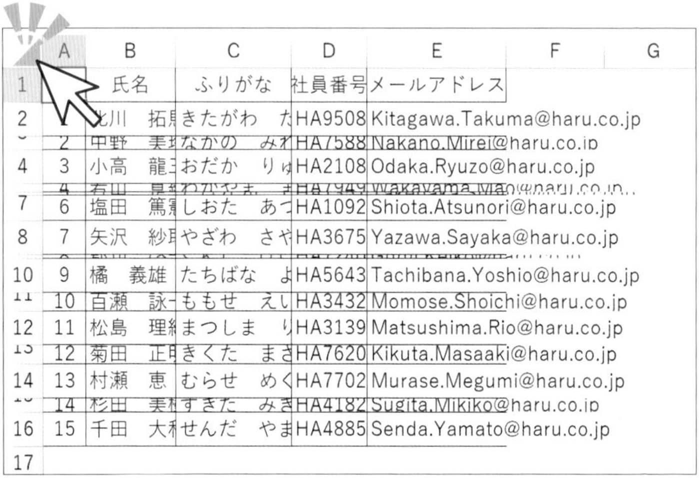

	A	B	C	D	E	F	G
1		氏名	ふりがな	社員番号	メールアドレス		
2	1	北川　拓馬	きたがわ　た	HA9508	Kitagawa.Takuma@haru.co.jp		
3	2	中野　美玲	なかの　みれ	HA7588	Nakano.Mirei@haru.co.jp		
4	3	小高　龍三	おだか　りゅ	HA2108	Odaka.Ryuzo@haru.co.jp		
[illegible]	4	若山　真緒	わかやま　ま	HA7949	Wakayama.Mao@haru.co.jp		
7	6	塩田　篤憲	しおた　あつ	HA1092	Shiota.Atsunori@haru.co.jp		
8	7	矢沢　紗耶	やざわ　さや	HA3675	Yazawa.Sayaka@haru.co.jp		
10	9	橘　義雄	たちばな　よ	HA5643	Tachibana.Yoshio@haru.co.jp		
11	10	百瀬　詠一	ももせ　えい	HA3432	Momose.Shoichi@haru.co.jp		
12	11	松島　理緒	まつしま　り	HA3139	Matsushima.Rio@haru.co.jp		
13	12	菊田　正明	きくた　まさ	HA7620	Kikuta.Masaaki@haru.co.jp		
14	13	村瀬　恵	むらせ　めぐ	HA7702	Murase.Megumi@haru.co.jp		
15	14	杉田　美樹	すぎた　みき	HA4182	Sugita.Mikiko@haru.co.jp		
16	15	千田　大和	せんだ　やま	HA4885	Senda.Yamato@haru.co.jp		
17							

この状態で列見出しと行見出しの間をそれぞれダブルクリックすれば、列の幅や行の高さを自動調整できます。

	A	B	C	D	E	F
1	No.	氏名	ふりがな	社員番号	メールアドレス	
2	1	北川　拓馬	き[illegible]わ　たくま	HA950807	Kitagawa.Takuma@haru.co.jp	
3	[illegible]	中野　美玲	なかの　みれい	HA758866	Nakano.Mirei@haru.co.jp	
4	3	小高　龍三	おだか　りゅうぞう	HA210885	Odaka.Ryuzo@haru.co.jp	
5	[illegible]	若山　真緒	わかやま　まお	HA794983	Wakayama.Mao@haru.co.jp	
6	[illegible]	竹中　正二郎	たけなか　しょうじろう	HA135785	Takenaka.Shojiro@haru.co.jp	
7	6	塩田　篤憲	しおた　あつのり	HA109272	Shiota.Atsunori@haru.co.jp	
8	7	矢沢　紗耶香	やざわ　さやか	HA367525	Yazawa.Sayaka@haru.co.jp	
9	8	郡司　啓子	ぐんじ　けいこ	HA724097	Gunji.Keiko@haru.co.jp	
10	9	橘　義雄	たちばな　よしお	HA564331	Tachibana.Yoshio@haru.co.jp	
11	10	百瀬　詠一	ももせ　えいいち	HA343257	Momose.Shoichi@haru.co.jp	
12	11	松島　理緒	まつしま　りお	HA313911	Matsushima.Rio@haru.co.jp	
13	12	菊田　正明	きくた　まさあき	HA762071	Kikuta.Masaaki@haru.co.jp	
14	13	村瀬　恵	むらせ　めぐみ	HA770285	Murase.Megumi@haru.co.jp	
15	14	杉田　美樹子	すぎた　みきこ	HA418274	Sugita.Mikiko@haru.co.jp	
16	15	千田　大和	せんだ　やまと	HA488553	Senda.Yamato@haru.co.jp	
17						

複数セル・行・列の選択

複数の箇所を選択するために[Ctrl]を押しながらクリックしていくと、操作を誤って最初からやり直し！汗、なんてことがありますよね。

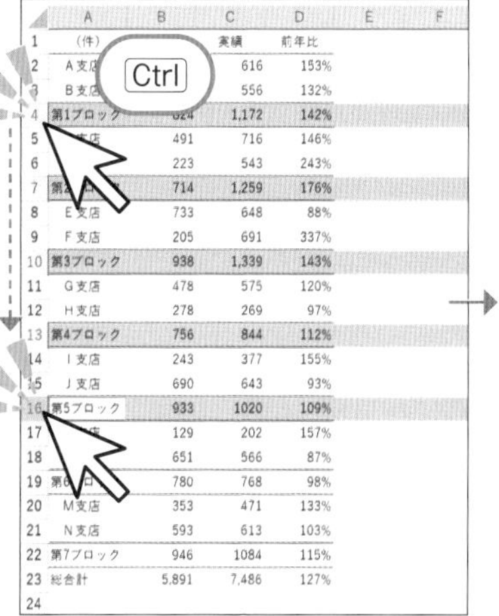

	A	B	C	D	E	F
1	(件)	[illegible]	実績	前年比		
2	A支店	[illegible]	616	153%		
3	B支店	[illegible]	556	132%		
4	第1ブロック	[illegible]	1,172	142%		
5	[illegible]	491	716	146%		
6	[illegible]	223	543	243%		
7	[illegible]	714	1,259	176%		
8	E支店	733	648	88%		
9	F支店	205	691	337%		
10	第3ブロック	938	1,339	143%		
11	G支店	478	575	120%		
12	H支店	278	269	97%		
13	第4ブロック	756	844	112%		
14	I支店	243	377	155%		
15	J支店	690	643	93%		
16	第5ブロック	933	1020	109%		
17	[illegible]	129	202	157%		
18	[illegible]	651	566	87%		
19	[illegible]	780	768	98%		
20	M支店	353	471	133%		
21	N支店	593	613	103%		
22	第7ブロック	946	1084	115%		
23	総合計	5,891	7,486	127%		
24						

→

	A	B	C	D	E	F
1	(件)	前年	実績	前年比		
2	A支店	402	616	153%		
3	B支店	422	556	132%		
4	第1ブロック	824	1,172	142%		
5	C支店	491	716	146%		
6	D支店	223	543	243%		
7	第2ブロック	714	1,259	176%		
8	E支店	733	648	88%		
9	F支店	205	691	337%		
10	第3ブロック	938	1,339	143%		
11	G支店	478	575	120%		
12	H支店	278	269	97%		
13	第4ブロック	756	844	112%		
14	I支店	243	377	155%		
15	J支店	690	643	93%		
16	第5ブロック	933	1020	109%		
17	K支店	129	202	157%		
18	L支店	651	566	[illegible]		
19	第6ブロック	780	768	[illegible]		
20	[illegible]	353	471	133%		
21	[illegible]	593	613	103%		
22	[illegible]	946	1084	115%		
23	総合計	5,891	7,486	127%		
24						

こんなときに、[Shift]＋[F8]（選択範囲の追加または削除）を押してから実行すると、[Ctrl]を押さなくても複数のセルや行・列を選択できます。

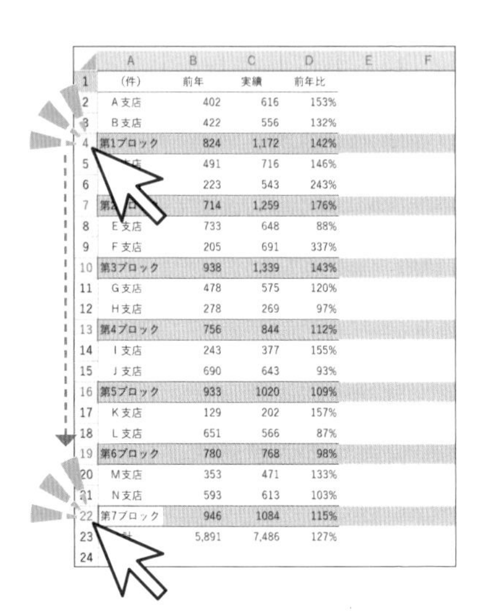

	A	B	C	D	E	F
1	(件)	前年	実績	前年比		
2	A支店	402	616	153%		
3	B支店	422	556	132%		
4	第1ブロック	824	1,172	142%		
5	[illegible]	491	716	146%		
6	[illegible]	223	543	243%		
7	[illegible]	714	1,259	176%		
8	E支店	733	648	88%		
9	F支店	205	691	337%		
10	第3ブロック	938	1,339	143%		
11	G支店	478	575	120%		
12	H支店	278	269	97%		
13	第4ブロック	756	844	112%		
14	I支店	243	377	155%		
15	J支店	690	643	93%		
16	第5ブロック	933	1020	109%		
17	K支店	129	202	157%		
18	L支店	651	566	87%		
19	第6ブロック	780	768	98%		
20	M支店	353	471	133%		
21	N支店	593	613	103%		
22	第7ブロック	946	1084	115%		
23	[illegible]	5,891	7,486	127%		
24						

選択箇所を間違えても、もう一度クリックすれば取り消されます。

この操作は、すべての範囲を選択してから対象外のエリアを削っていく、といったシーンにも有効です。

書式コピー

複数の場所へ同じ書式を適用するために、何度も同じ操作を実行したり該当箇所を都度選択してコマンドを繰り返したりするのは面倒ですよね。

こんなときは、サンプルとなる範囲を選択した状態で「ホーム」タブ→「書式コピー」をダブルクリックします。

これにより、同じ書式をワンクリックで反映していけます。

A13 f_x 第4ブロック

	A	B	C	D
1	(件)	前年	実績	前年比
2	A支店	402	616	153%
3	B支店	422	556	132%
4	**第1ブロック**	**824**	**1,172**	**142%**
5	C支店	491	716	146%
6	D支店	223	543	243%
7	**第2ブロック**	**714**	**1,259**	**176%**
8	E支店	733	648	88%
9	F支店	205	691	337%
10	**第3ブロック**	**938**	**1,339**	**143%**
11	G支店	478	575	120%
12	H支店	278	269	97%
13	**第4ブロック**	[illegible]	**844**	**112%**
14	I支店	243	377	155%
15	J支店	[illegible]	643	93%
16	第5ブロック	[illegible]	1020	109%
17	K支店	129	202	157%
18	L支店	651	566	87%
19	第6ブロック	780	768	98%

カラーリファレンス

数式で参照しているセルやセル範囲を修正するときは、セル内のカーソル移動やセルのモード切り替えが必要です。

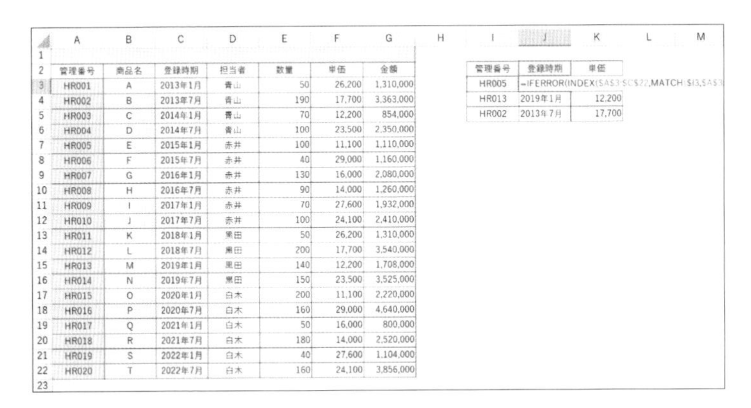

	A	B	C	D	E	F	G
1							
2	管理番号	商品名	登録時期	担当者	数量	単価	金額
3	HR001	A	2013年1月	青山	50	26,200	1,310,000
4	HR002	B	2013年7月	青山	190	17,700	3,363,000
5	HR003	C	2014年1月	青山	70	12,200	854,000
6	HR004	D	2014年7月	青山	100	23,500	2,350,000
7	HR005	E	2015年1月	赤井	100	11,100	1,110,000
8	HR006	F	2015年7月	赤井	40	29,000	1,160,000
9	HR007	G	2016年1月	赤井	130	16,000	2,080,000
10	HR008	H	2016年7月	赤井	90	14,000	1,260,000
11	HR009	I	2017年1月	赤井	70	27,600	1,932,000
12	HR010	J	2017年7月	赤井	100	24,100	2,410,000
13	HR011	K	2018年1月	黒田	50	26,200	1,310,000
14	HR012	L	2018年7月	黒田	200	17,700	3,540,000
15	HR013	M	2019年1月	黒田	140	12,200	1,708,000
16	HR014	N	2019年7月	黒田	150	23,500	3,525,000
17	HR015	O	2020年1月	白木	200	11,100	2,220,000
18	HR016	P	2020年7月	白木	160	29,000	4,640,000
19	HR017	Q	2021年1月	白木	50	16,000	800,000
20	HR018	R	2021年7月	白木	180	14,000	2,520,000
21	HR019	S	2022年1月	白木	40	27,600	1,104,000
22	HR020	T	2022年7月	白木	160	24,100	3,856,000
23							

	I	J	K
2	管理番号	登録時期	単価
3	HR005	=IFERROR(INDEX($A$3:$C$22,MATCH($I3,$A$3	
4	HR013	2019年1月	12,200
5	HR002	2013年7月	17,700

こんなときは、参照元を示す「カラーリファレンス」を直接移動したり伸縮したりしてしまいましょう。

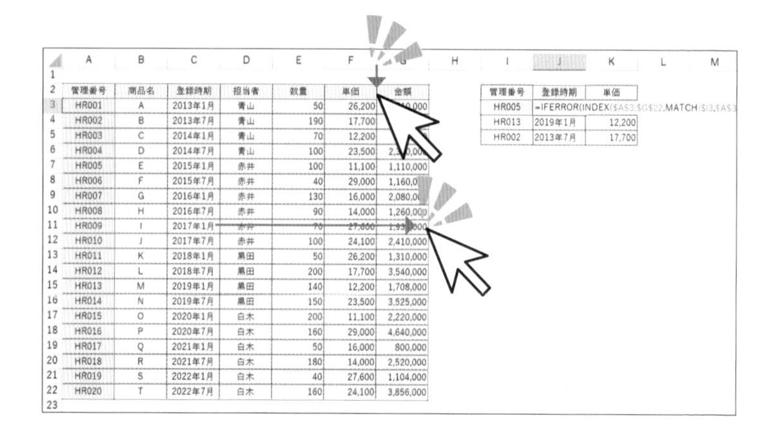

	A	B	C	D	E	F	G
1							
2	管理番号	商品名	登録時期	担当者	数量	単価	金額
3	HR001	A	2013年1月	青山	50	26,200	[illegible]
4	HR002	B	2013年7月	青山	190	17,700	[illegible]
5	HR003	C	2014年1月	青山	70	12,200	[illegible]
6	HR004	D	2014年7月	青山	100	23,500	[illegible]
7	HR005	E	2015年1月	赤井	100	11,100	1,110,000
8	HR006	F	2015年7月	赤井	40	29,000	1,160,0[illegible]
9	HR007	G	2016年1月	赤井	130	16,000	2,080,0[illegible]
10	HR008	H	2016年7月	赤井	90	14,000	1,260,000
11	HR009	I	2017年1月	赤井	70	27,600	[illegible]
12	HR010	J	2017年7月	赤井	100	24,100	2,410,000
13	HR011	K	2018年1月	黒田	50	26,200	1,310,000
14	HR012	L	2018年7月	黒田	200	17,700	3,540,000
15	HR013	M	2019年1月	黒田	140	12,200	1,708,000
16	HR014	N	2019年7月	黒田	150	23,500	3,525,000
17	HR015	O	2020年1月	白木	200	11,100	2,220,000
18	HR016	P	2020年7月	白木	160	29,000	4,640,000
19	HR017	Q	2021年1月	白木	50	16,000	800,000
20	HR018	R	2021年7月	白木	180	14,000	2,520,000
21	HR019	S	2022年1月	白木	40	27,600	1,104,000
22	HR020	T	2022年7月	白木	160	24,100	3,856,000
23							

I	J	K
管理番号	登録時期	単価
HR005	=IFERROR(INDEX($A$3:$G$22,MATCH($I3,$A$3	
HR013	2019年1月	12,200
HR002	2013年7月	17,700

データの削除

選択範囲のデータは、フィルハンドルを左上にドラッグすると削除されます。

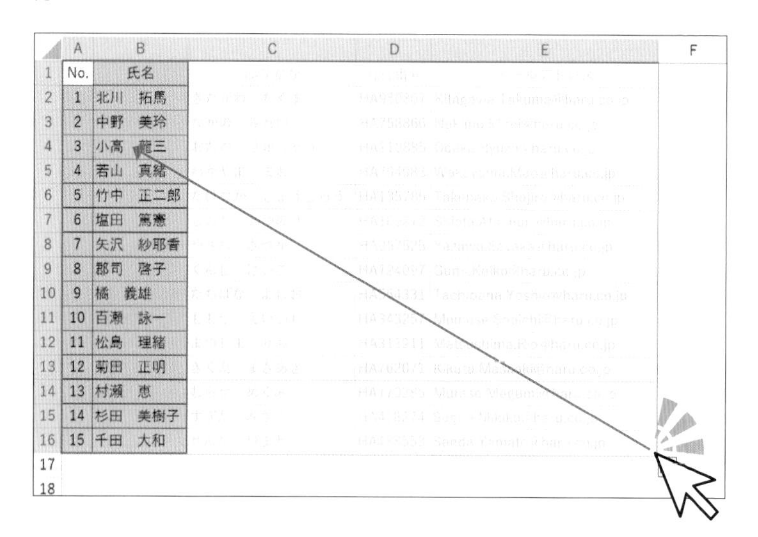

	A	B
1	No.	氏名
2	1	北川　拓馬
3	2	中野　美玲
4	3	小高　龍三
5	4	若山　真緒
6	5	竹中　正二郎
7	6	塩田　篤憲
8	7	矢沢　紗耶香
9	8	郡司　啓子
10	9	橘　義雄
11	10	百瀬　詠一
12	11	松島　理緒
13	12	菊田　正明
14	13	村瀬　恵
15	14	杉田　美樹子
16	15	千田　大和
17		
18		

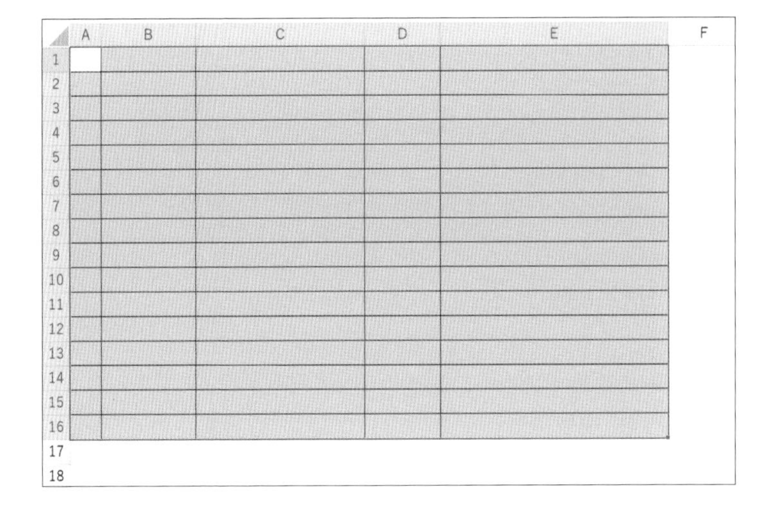

また、Ctrl を押しながらドラッグすると、書式も含めてすべての要素がリセットされます。

トリプルクリック

セルの編集中に文字列をダブルクリックするとその部分の「単語」が選択されて、トリプルクリックするとセル内のデータが「すべて」選択されます。

・ダブルクリック

D	E
社員番号	メールアドレス
HA950807	Kitagawa.Takuma@haru.co.jp
HA758866	Nakar[illegible]Mirei@haru.co.jp
HA210885	Odaka.Ryuzo@haru.co.jp

・トリプルクリック

	D	E
	社員番号	メールアドレス
	HA950807	Kitagawa.Takuma@haru.co.jp
	HA758866	Nakan[illegible]Mirei@haru.co.jp
	HA210885	Odaka.Ryuzo@haru.co.jp

ちなみにこれをWordの文書やPowerPointのテキストボックスで使うと、ダブルクリックで同じく「単語」が選択されて、トリプルクリックでは「段落単位」で選択されます。

・ダブルクリック

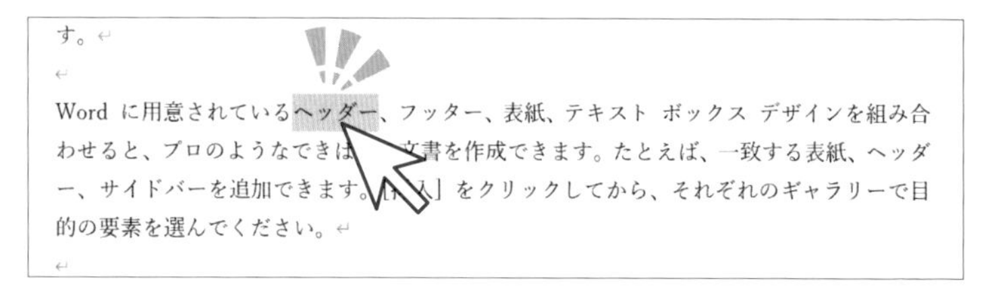

・トリプルクリック

テキストの一節をドラッグして範囲選択するよりもかんたんですよね！

7 Excelだけ極めても無価値

Excel以外のアプリケーションやプログラムに関連するショートカットキーを身に付けておくことも、Excel仕事の高速化に欠かすことのできない要素です。

特に、フォルダに格納された Excelファイルにアクセスする、Excelのデータを PDF に変換する、メールに添付して送信するといった動作は、実務でも非常に発生頻度の高いアクションです。

ここでは、**フォルダ操作→PDFへのエクスポート→メール添付**という一連の業務フローをサンプルに、こうしたシーンで素早く処理できる基本的なキーセットを演習していきましょう。

PDFにエクスポートして送信する

今回は同僚からの経費明細書送付依頼メールに返信する形で対応していきます。

※メールアプリケーションはOutlookをサンプルとしています。

経費明細書送付のお願い

HARU さん

先ほどはありがとうございました。
明細書を送付いただきますようお願いいたします。

NATSU

1. 送られてきたメールがアクティブな状態で Ctrl ＋ R を押し、返信メールを作成します。※他のメンバーが写しに入っている場合は、Ctrl ＋ Shift ＋ R で全員に返信します。

2. [Windows] + [E] で新規のエクスプローラーを開き、方向キーや [Enter] で対象のファイルにアクセスします。

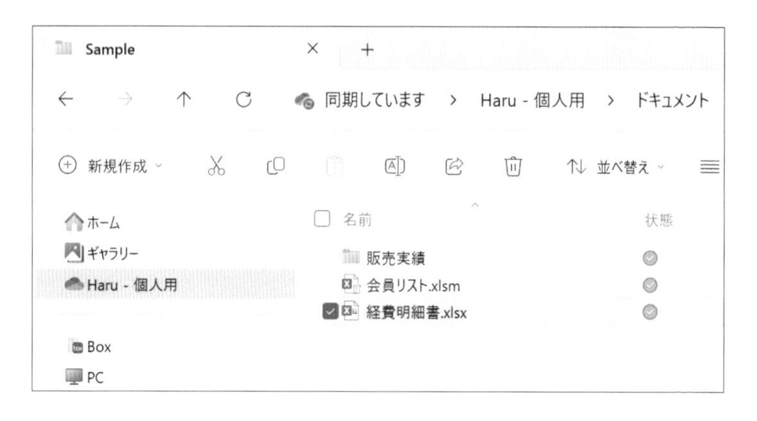

3.該当のファイルにたどり着いたら、[Enter] で開きます。

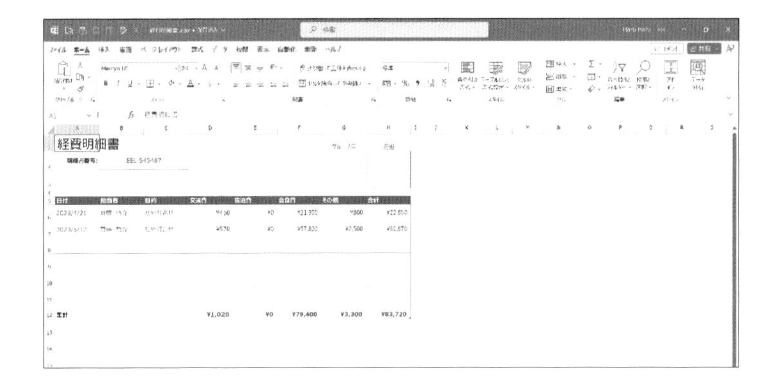

4.PDFに変換する前に、Ctrl + P で「印刷」メニューを開き、右側のプレビューでページが正しく出力されるか確認します。（確認できたら Esc で「印刷」メニューを閉じます。）

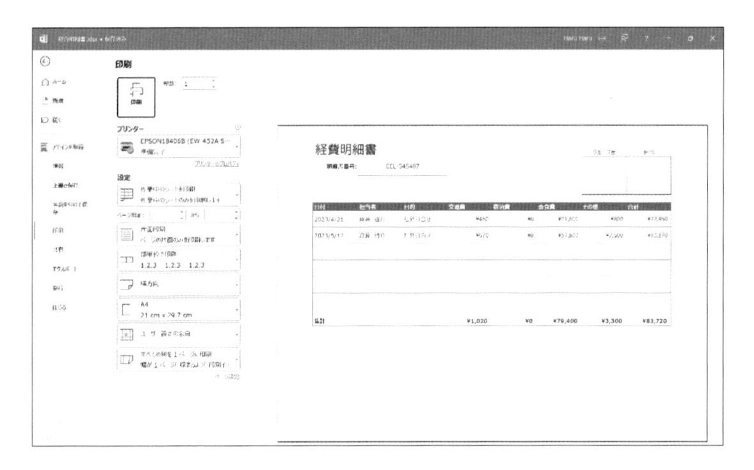

※PDFで1ページに出力される範囲は、印刷したときに1枚に印字される範囲と同じです。見切れていたり、余白が広すぎたりするときは左側の設定項目で調整しましょう。

5. Alt → F → E → A と順に押すと、PDF形式で出力されるファイルの保存先を指定する画面が表示されます。

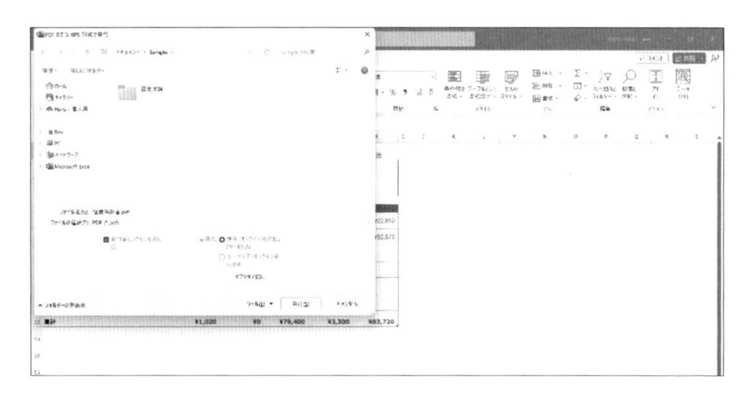

※作業中のExcelブックが保存されているフォルダがデフォルトで選択されます。保存先とファイル名を修正する必要がなければ、このまま Enter で実行します。

6. Alt + Tab でフォルダウィンドウに切り替えると、新たにPDF形式で生成したファイルが格納されています。

※送信前にファイルを開いて、中身をしっかり確認しておきましょう。

7.対象のファイルがアクティブな状態で Ctrl + C （コピー）を押します。

8. Alt + Tab でウィンドウ一覧を開き、メールの編集画面を選択します。

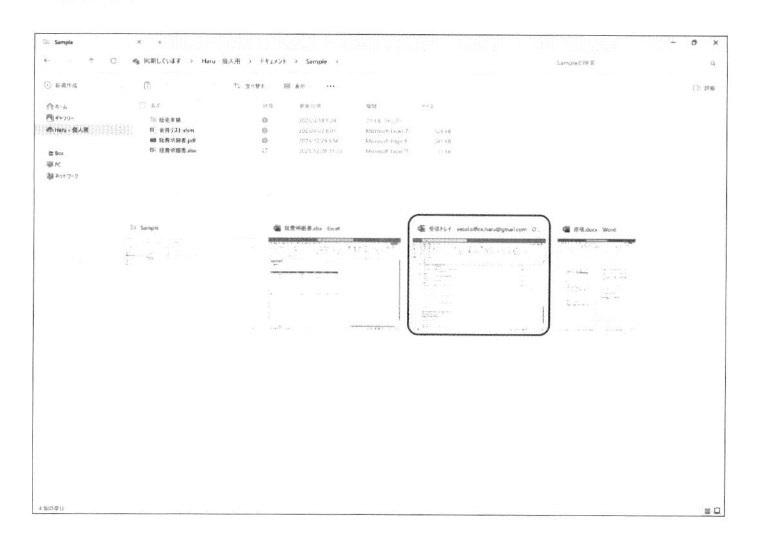

9.メールの本文がアクティブな状態で Ctrl + V （貼り付け）を押します。フォルダ上でコピーしたPDFファイルがメールに添付されます。

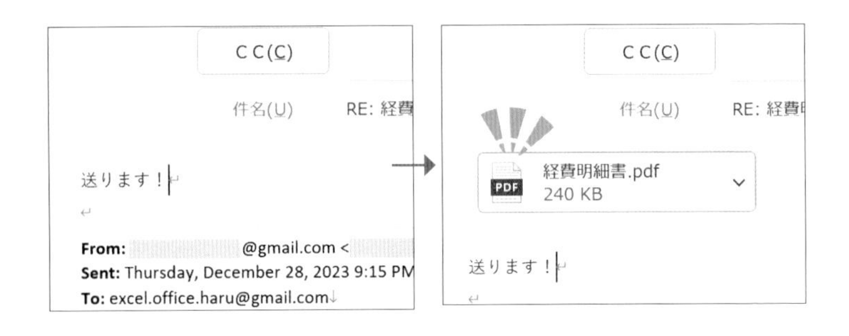

10. Ctrl + Enter （Alt + S）で送信します。

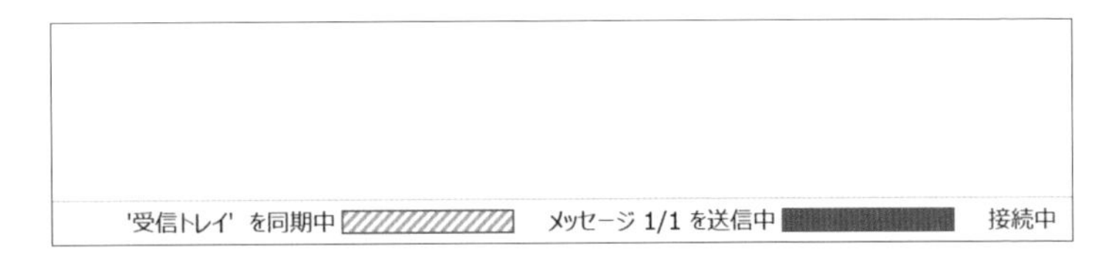

こうした一連の操作により、相手の依頼に対して効率的なコミュニケーションができるのです。

第5章

PowerPoint

ビジネスの現場では、自社の製品・サービスを取引先に提案したり、自部門の戦略を社内の他部門や経営層に説明したりするシーンが多く発生します。このプレゼンテーションに必要な情報を論理的に整理した資料を制作する手段として、PowerPointが活用されるのです。プレゼンテーションの目的を達成する“良い”資料を作るには、相手の行動変容を確実に促す情報をシンプルかつロジカルに表現することが求められ、その“思考”に十分に時間を割く必要があります。ショートカットキーによる“作業”時間の短縮効果が最も大きいのは、実はPowerPointなのかもしれません。

1 パワポは「操作対象」の理解が9割

PowerPointは1枚のスライドにテキストボックスや図形を用いることで、伝えたい情報を自由度高く配置できます。ExcelやWordもオブジェクトを挿入することはできますが、PowerPointにはセルや文章行などの制約がなく、白紙のキャンバスにフレキシブルにアイテムを置いていけます。

複数のスライドそれぞれに多くのオブジェクトが含まれるため、PowerPointの制作過程では「スライド↔オブジェクト↔オブジェクト内のテキスト」といった"**操作対象**"をいかに切り替えるかが効率化の鍵となります。

そこでこのレッスンでは、スライドとオブジェクトの基本操作について解説していきます。ここで取り上げるキーセットだけでもパワポ仕事が格段に快適になりますので、しっかり指先に染み込ませましょう。

新しいスライドの挿入

Ctrl + M も

新規のスライドを挿入するときはCtrl＋Mを押します。現在選択しているスライドの次に続く形で新しいスライドが挿入されます。

なお、挿入されるスライドには"タイトルを入力"、"テキストを入力"といった既定のレイアウトが適用されています。真っ新な白紙のスライドを挿入したいときは、最初に新しいプレゼンテーションを起動したときにデフォルトで開かれる1枚目のスライドのレイアウトを「白紙」に変更しておきましょう。

スライドのコピー

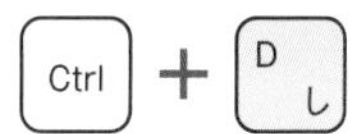

スライドを新しく挿入するのではなく、既存のスライドを流用したいときは、該当のスライドを選択した状態で Ctrl + D を押します。これにより、同じスライドが次に挿入されます。見出しや本文などの情報構造、オブジェクトの書式などを引き継いた上で加工したいときにとても便利です。

ちなみにこの操作は、オブジェクトのコピーにも使えます。

スライドを（先頭/末尾へ）移動

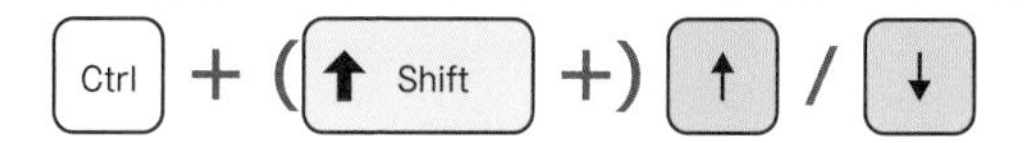

選択したスライドを前後のスライドと入れ替えたり、数ページ前や先に移動したりしたいときは、Ctrl + ↑ / ↓ で操作します。ここに Shift を加えると、選択中のスライドを先頭や末尾に移動します。

オブジェクトの選択

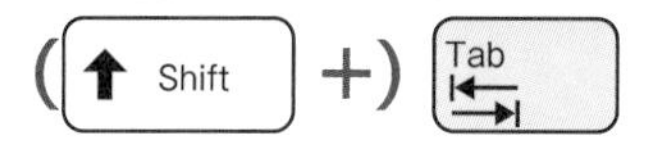

スライドペインがアクティブな状態で Tab を押すと最背面のオブジェクトが選択され、その後 Tab を押すにつれ前面のオブジェクトに遷移していきます。反対に Shift + Tab を押せば最前面から順に選択します。※この操作はサムネイルペインがアクティブな状態では機能しません。

オブジェクトのテキスト編集

Enter or F2

オブジェクトがアクティブな状態で Enter または F2 を押すと、テキストの編集モードになります。すでにテキストが入力されている場合はテキストがすべて選択されますので、テキストを削除するときや上書きするときはそのまま Delete を押したり新たに文字を入力したりできます。

テキスト編集終了、オブジェクトの選択解除

ESC

オブジェクトのテキスト編集中に Esc を押すと、テキストの編集モードが終了し、オブジェクトが選択された状態に戻ります。

オブジェクトが選択された状態で Esc を押すと、オブジェクトの選択モードが解除されます。

この Esc で段階的に解除していく階層を理解することで、次の「方向キー」による移動対象を効率的に切り替えられます。

カーソル・オブジェクトの移動、スライドの切り替え

方向キー

方向キーによる操作対象は各階層で異なります。

- オブジェクトのテキスト編集中→オブジェクト内のカーソル移動

- オブジェクトの選択中→オブジェクトの配置移動
- オブジェクトの選択解除中→スライドの切り替え

一連の基本操作により、プレゼンテーション資料の制作に必要な要素を快適に往来することができます。

2 オブジェクトの応用操作とスライドショー

PowerPointで資料を創り上げるときのお作法として、「1スライド、1メッセージ」という定説があります。情報をむやみに詰め込まず、そのスライドで伝えるメッセージ（≒結論や目的）は1つに留めることが理想であるという考え方です。

一方、PowerPointで作成する資料の使い方は現場の数だけ存在し、シチュエーションによっては1スライドに複数のエッセンスや補足情報の掲載が必要な場合もあります。その場に説明する人が付帯しておらず、取引先に送付したりWEBサイトからダウンロードさせたりして相手に"読んでもらう"役割を担うケースも多く存在するからです。結果、必然的に多くのオブジェクトを取り扱うことになります。

そこでこのレッスンでは、PowerPoint操作をさらに高速化するために、オブジェクトのサイズや書式をより効率的に行える応用ショートカットキーを学んでいきましょう。

実際に資料を投影するスライドショー機能で使えるテクニックも解説しますので、プレゼンテーションの作成から登壇まで一貫して担当される方はぜひ活用してみてください。

オブジェクトのサイズ変更

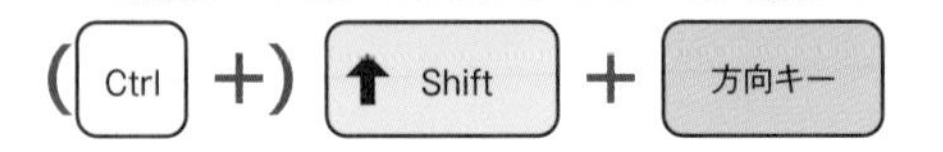

オブジェクトのサイズを変更するときは Shift ＋方向キーで操作します。またここに Ctrl を加えると、サイズ変更の段階が小刻みになりより微細な修正が可能です。

もし正方形や正円など、縦横のサイズを合わせたいときは以下のいずれかの操作をおススメします。

- Shift ＋方向キーを、上下・左右で同じ数だけ操作する。
- オブジェクトの４隅のハンドルを、Shift を押しながらドラッグして伸縮する。

フォントサイズの変更

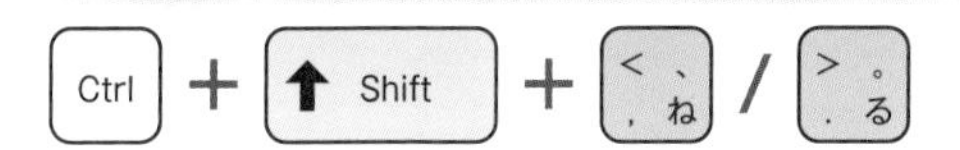

オブジェクト内のテキストサイズは、Ctrl ＋ Shift ＋ < / > で大きくしたり小さくしたりできます。オブジェクトを選択しているときはオブジェクト内のテキストすべてのフォントサイズが変更され、テキストの一部のみを選択しているときはその文字列だけが調整されます。

このフォントサイズの変更に加えて、Ctrl ＋ B による「太字」をセットでおさえておくと、情報により強弱をつけて表現できます。

左揃え／中央揃え／右揃え

Ctrl ＋ L り / E い / R す

オブジェクト内のテキストの配置は Ctrl ＋ L で左揃え、Ctrl ＋ E で中央揃え、Ctrl ＋ R で右揃えにできます。一般的に、「見出し」は中央揃え、「本文」は左揃え、「数値の比較」や「ページ番号」などは右揃えにすると見やすくなります。

オブジェクトの回転

オブジェクトを回転させたいときは、Alt + ← / → を使います。矢印や吹き出しなど、オブジェクトに傾斜をつけるシーンで活用しましょう。

段落単位の移動

オブジェクト内のテキストを段落単位で移動できます。会議のアジェンダや複数の選択肢など、箇条書きで掲載されている情報の順序を入れ替えるときなどに重宝します。

このショートカットキーはExcelに挿入するテキストボックスやWordでも機能します。著者は本書の原稿をWordで執筆しましたが、ショートカットキーの紹介順序を組み替えるときに多用しました。

書式コピー/貼り付け

Ctrl + Shift + C / V

フォントサイズや塗りつぶし、枠線、余白など、オブジェクトの書式を別のオブジェクトにも流用したいときは Ctrl + Shift + C でコピーして、Ctrl + Shift + V で貼り付けます。

オブジェクトのコピー、垂直・水平に移動、コピー

Ctrl + ドラッグ、Shift + ドラッグ、

Ctrl + Shift + ドラッグ

スライドをコピーするショートカットキーとしてCtrl + Dを前述し、同時にオブジェクトのコピーにも使えることをご紹介しました。この操作によりコピーしたオブジェクトは元のオブジェクトに重なって挿入されますが、オブジェクトを複製するシーンでは元のオブジェクトの真下や対角線に配置したいことがほとんどです。

こんなときはマウスとキーボードを組み合わせて操作しましょう。

- Ctrl +ドラッグ：オブジェクトのコピー
- Shift +ドラッグ：オブジェクトを垂直・水平に移動
- Ctrl + Shift +ドラッグ：オブジェクトを垂直・水平にコピー

複数のオブジェクトを選択した状態で一連のコピー操作を実行すれば、そのオブジェクト群を量産することができます。

オブジェクトを背面/前面へ移動

Ctrl + Shift + [+]

複数のオブジェクトを重ねて配置すると、いずれかのオブジェクトは手前に配置され、一方のオブジェクトは奥に表示されます。オ

ブジェクトには前面・背面の概念があり、この順序をCtrl＋Shift＋[／]で入れ替えることができます。
隠れてしまってはその役割を果たせないオブジェクトを前面に持ってきたり、スライドのバックグラウンドとして挿入した画像を背面に配置するときなどに使います。

グループ化（解除）

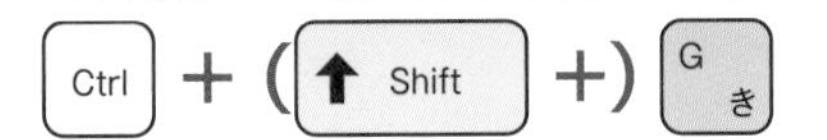

複数のオブジェクトをグループ化するときはCtrl＋Gを押します。グループ化するとそのグループ単位でオブジェクトを一括選択できるため、フォントサイズを変更したり配置を微調整したりするシーンで役立ちます。
グループを解除するときはCtrl＋Shift＋Gを使います。

（選択しているスライドから）スライドショーを開始

いざプレゼンテーションを始めるときは、F5でスライドショーモードにしましょう。F5ではデフォルトで先頭のスライドから投影されますが、Shift＋F5を押せば現在のスライドからスライドショーを開始でさます。※スライドショーはEscで解除します。
スライドショー中はEnter（→↓）で次のスライドへ、Backspace（←↑）で前のスライドへ切り替えます。

スライドショー中にスライド一覧を表示

Ctrl + =-ほ or Gき

スライドショー中にCtrl＋-またはGを押すと、スライド一覧が表示されます。この一覧は現在表示しているスライドを起点に方向キーで移動でき、新たに選択したスライドでEnterを押せばそのスライドに切り替わります。

特定のスライドへ進んだり戻ったりしたいときに、そこまで1つずつページを進めるといった操作をすることなくスムーズに表示できるのです。

レーザーポインター

Ctrl + Lり、Ctrl + クリック

スライドショー中にCtrl＋Lを押すと、マウスカーソルが赤いレーザーポインターに変わります。もう一度Ctrl＋Lを押すとこのモードは解除されます。またCtrl＋クリックでその間はレーザーポインターになり、マウスから手を離すと解除されます。

いずれも、いまどこを説明しているかをわかりやすく示す手段として活用していきましょう。

第6章

Teams

米マイクロソフト社が「Teamsはすべてのビジネスツールのハブである」と公言するほど、Teamsは他のアプリケーションとのコラボレーションが魅力のツールです。オンライン会議やチャット機能のイメージが強いですが、外部のプログラムと連携することですべての情報をTeams上に集約し、組織内の情報連携やタスク管理を一元化できます。複数のプロジェクトを抱える人であれば必然的にTeamsの操作時間が多くなりますので、最頻出のキーセットを習得し、どんなマルチタスクもサクサクこなしていきましょう。

1 Teams操作はここまで速くなる

とはいえ、Teamsを触っている時間で多くを占めるアクションは、メッセージのやり取りとオンライン会議です。そのためおさえるべきショートカットキーは、ここまで登場したアプリケーションに比べて多くありません。

チームの作成や通知設定、外部アプリケーションとの連携など、一度対応してしまえばその後ほぼ実務で発生することのない作業は、管理者に一任するかマウスで丁寧に実施していただくとして、皆さんが日々出くわす機会の多い「チャネル」「チャット」「会議」に関連するキーセットに限定して解説して参ります。

アプリバーで●番目のアプリを開く

Ctrl ＋ 数字

Teams操作画面の左側に、「アクティビティ」「チャット」「チーム」…とアイコンが縦に並んだアプリバーがあります。こちらは Ctrl ＋ 1 ：アクティビティ、Ctrl ＋ 2 ：チャット…いったように、上から並んでいる順に該当のページに切り替えることができます。

Windowsのタスクバーからアプリケーションを起動したり、Outlookのメール・予定表を切り替えたりする動作に似ていますね。

セクションの移動

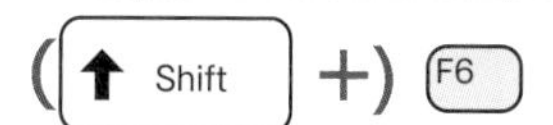

F6を押すと、アプリバー→フィルター→メッセージウィンドウ→検索窓といったように操作画面の各セクションを循環していきます。ここにShiftを加えると、逆方向に選択が進みます。

検索

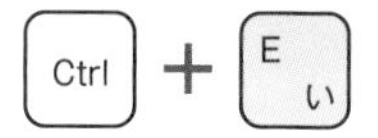

過去のチャネル投稿やチャット、ファイル、メンバーなど、組織内のTeams内で特定の情報を検索するときには、Ctrl＋Eで検索窓をアクティブにします。メッセージ、ユーザー、ファイルのカテゴリごとに検索結果が表示されます。

なお、メンバーとの会議中に特定のテーマ（チャネル投稿）について意見を求められたとき、その投稿内容が初見だったり熟読できていなかったりすることがあります。該当の投稿に遡るための検索に時間を要す場合は、投稿の返信欄に自分をメンションしてもらい浮上させる、というアプローチをおススメします。

現在のチャネルまたはチャット内で検索

現在表示しているチャネルまたはチャット内で検索をかける場合はCtrl＋Fを使います。前述のCtrl＋Eよりも検索対象範囲が

狭まりますので、限られた検索結果から特定の情報へ効率的にアクセスできます。どのチャネルまたはチャットでやり取りした内容であるかがわかっているときには、こちらの手順を活用しましょう。

フィルター

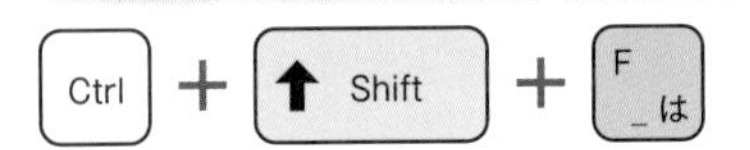

チーム名またはチャネル名でフィルターをかける Ctrl + Shift + F により、その時々にアクセスしたい場所へ簡単にアプローチできます。絞り込んだ結果のリスト内は、方向キーで移動し、Enter で選択することが可能です。組織内で自分が属するチームやチャネルが多岐に渡るケースでとても便利です。

フィルター機能の効果を最大化するために、チーム名やチャネル名の先頭に連番または指定のアルファベットなどを付記することをルール化し、絞り込みの操作効率を高める仕組みを敷いておきましょう。

左側の項目にフォーカスを移動する

Ctrl + L を押すと、チャネルやチャットグループの一覧が表示されているメニューをアクティブにできます。閲覧対象のチャネルやチャットを切り替えたいときに活用しましょう。

メッセージウィンドウにフォーカスを移動する

Ctrl ＋ M も

Ctrl＋Mで、投稿やチャットのやり取りが表示されているメッセージウィンドウに操作対象を切り替えられます。

最新のメッセージに移動する

Ctrl ＋ J ま

現在選択しているチャットにおける最新のメッセージをアクティブにできます。チャット欄を遡った後、一番下までスクロールするシーンにも適しています。

メッセージの入力欄に移動する

Ctrl ＋ R す

現在選択しているチャットのメッセージ入力欄をアクティブにできます。相手のチャットにテキストで応答する操作は実務最頻出のアクションですので、ぜひマスターしてください。

なおチャネルにおける特定の投稿がアクティブな状態でCtrl＋Rを押すと、返信メッセージの入力欄がフォーカスされます。Outlookで返信メールを作成するときに使ったショートカットキーと同じですね。

作成ボックスを開く

Ctrl + Shift + X

通常、メッセージの入力中は Shift + Enter を押さないと改行されません。そのため勢い余って Enter を押し、入力途中で送信してしまった、なんてことがよく発生します。

こんなとき、メッセージの入力欄がアクティブな状態で Ctrl + Shift + X を押すと、「作成ボックス」が開きます。このモードであれば、押しなれた Enter で改行ができるため、長めのメッセージの入力も安心して行えます。作成ボックスが開いた状態で Ctrl + Shift + X を押すと、作成ボックスが閉じられます。

(新しいウィンドウで) 新しいチャットを開始

Ctrl + (Shift +) N

Ctrl + N で新しいチャットを開始します。ここに Shift を加えることで、新規チャットが別のウィンドウで立ち上がります。

拡大/縮小表示、100%表示

Ctrl + ; / -、Ctrl + 0

Teamsの操作画面はそれぞれ、Ctrl + ; で拡大表示、Ctrl + - で縮小表示できます。Ctrl + 0 を押すと、デフォルトの100%表示にリセットされます。

マイクのON/OFF、一時的にミュート解除

Ctrl + ⬆Shift + M も、Ctrl + Space

Ctrl + Shift + M で、オンライン会議中に自分のマイクのON/OFFを切り替えられます。

また、ミュート中に一時的にマイクをONにするときは Ctrl + Space を使います。このキーを押し続けている間のみミュートが解除され、離すとミュートに戻ります。会議前に軽く挨拶をするときやディスカッション中に短いコメントを求められたときなどに活用しましょう。

カメラのON/OFF

Ctrl + ⬆Shift + O ら

カメラのON/OFFは、Ctrl + Shift + O で切り替えます。会議中によく使うキーセットとして、マイクのON/OFFとあわせておさえておきましょう。

あとがき

本書を読み込み、様々なテクニックを繰り返し実践された皆さんは、仕事の進み具合がなんだか速くなったなと、ご自身の変化を少しずつ感じられているのではないでしょうか。

もちろん、これまでマウスにあった指先をいきなりキーボードに集中させると、最初はやはり操作がしにくいかと思います。慣れないうちはどうしても手がマウスに伸びてしまうことでしょう。

しかし、何事も初動の基礎演習、反復実践が肝要です。パソコン操作に限らず、勉強、スポーツ、芸術の世界でも、基盤となる知識や体力が身体に染み込んでいないと、次のステップ、さらなる高みを目指すことはできません。せっかく踏み出した時短・高速化への第一歩を無駄にしないように、ぜひ継続して反復してみてください。

さて、本書の冒頭でも触れましたが、決して「パソコン操作が速い人＝仕事がデキる人、信頼できる人」ではありません。いかなるビジネスシーンにおいても、タスクを単に速く処理することを目的とせず、公私ともに「十分な思考」と「丁寧なコミュニケーション」に充てる余暇時間を創出することが本書の意義であると申し上げました。

私は今、春の足音が聞こえ始め昼夜の寒暖差が激しくなってきた2024年2月の某日、未明にこのあとがきを執筆しています。デスクが寝室にあり、ベッドではまもなく1歳半になる子どもが愛らしい寝顔でスヤスヤと眠っています。パソコンの照度と打鍵音を最小限に抑えながら、読者や視聴者の皆様へのメッセージをつづっています。

子どもの成長を見守るたび、これまで以上に家族との時間を創出したい、大切にしたいと強く思うようになりました。仕事に忙殺される現代人には、圧倒的に時間が不足しています。

本質的かつ実質的な業務改善策が伴わない限り、所定時間外労働の上限を設定したりノー残業Dayのスローガンを掲げたりするだけでは、結局どこかに(もしくは誰かに)作業のしわ寄せがきます。

世の中には、日々の業務を効率化してくれる様々なアプリケーションが数多く存在します。また、膨大な量のデータを要約・集計・分析・ビジュアライズするという業務領域には生成AIをフル活用し、部分的な定型業務はプログラミング技術を活用するのもいいでしょう。

しかし、ビジネスの現場は形式的かつ規則的な仕事ばかりではありません。毎回アウトプットの目的が異なるため、TPOに沿った構成・形式でシェアしなくてはならない実務が多く発生します。

業務フローの抜本的な改革が進みにくい企業組織であればなおさら、作業の自動化や情報の一元化はもとより、どのようなシーンにも活用・応用できる操作スキルアップ(=個々人の処理能力アップ)なくして、真の生産性向上は実現し得ないのです。

本書を手に取っていただいた皆さんが、少しずつワークタイムに余白を生み、重要度の高いタスクに割ける時間、ご自身の好きなこと・ご家族と過ごす時間を創出できることを心から願っています。

最後に、このような書籍出版のご提案をいただき、企画から原稿執筆、校正まできめ細やかなアドバイスをくださいました、株式会社秀和システムの坂本さんに心からの感謝を申し上げ、本書のあとがきとさせていただきます。

2024年2月　Office HARU

●著者紹介

Office HARU

Excelの実践的なチュートリアルを解説するYouTubeメディア「Office HARU」のプロデューサー兼ナレーター。前職で東証上場企業の事業企画・マーケティング職に従事。社内政治に追われる日々とスローガンだけの残業抑制活動に嫌気が指し、「真に日本の働き方改革に貢献できる」ことを理念としたメディアを開設。「ブラック企業ランキングの常連会社に勤めながら残業ゼロを実現するPCスキル」の配信を始動し、たった1年で10万人のチャンネル登録者を獲得。ビジネスの現場で即効性が高いコンテンツを量産し、視聴者から絶大な支持を集める。全国の企業・自治体へ多数の研修登壇実績あり。著書に『カリスマYouTuberが教える Excel超時短メソッド』『同 Excel関数最速メソッド』。たゆまぬスキルアップで創出した余暇はすべてパートナーと過ごす時間に充てたい愛妻家。

• 本文イラスト　高橋 康明

図解（ずかい）でわかる
最新（さいしん）ショートカットキーが
絶対（ぜったい）に身（み）につく本（ほん）

発行日　2024年　3月18日　　第1版第1刷

著　者　Office HARU（オフィス ハル）

発行者　斉藤　和邦
発行所　株式会社　秀和システム
〒135-0016
東京都江東区東陽2-4-2　新宮ビル2F
Tel 03-6264-3105（販売）Fax 03-6264-3094
印刷所　株式会社シナノ　　Printed in Japan

ISBN978-4-7980-7178-7 C3055

定価はカバーに表示してあります。
乱丁本・落丁本はお取りかえいたします。
本書に関するご質問については、ご質問の内容と住所、氏名、電話番号を明記のうえ、当社編集部宛FAXまたは書面にてお送りください。お電話によるご質問は受け付けておりませんのであらかじめご了承ください。